# 訓練犬がくれた小さな奇跡

# まえがき

私は、警察犬の訓練士を父に持ち、訓練所の片隅で生まれました。

したがって、小さなころから、犬はいつでも身近にいて当たり前の存在でした。「家族同然」かそれ以上といってもいいのではないでしょうか。母親のおなかの中にいたころから胎教に犬の声を聞いていたわけですから。

そうした環境で育ったため、犬の扱い方は子供のころからお手の物。すでに小学生のころには自分で育てたシェパードを連れて、学校などでデモンストレーションを行っていたほどです。

以来、私と犬との関係は、その後、今日にいたるまで、ずっと続いていくことになります。

もちろんそこには、訓練士と訓練犬という一般のご家庭とはまったく違う特殊な関係が存在します。

「可愛い、可愛い」といって、犬を溺愛するのではなく、いつでも一定の距離をおきなが

ら向き合ってきました。なぜなら私にとって多くの場合、犬と接することは、大切な仕事でもあったからです。

　家族の一員として犬と共に生活するのではなく、社会や人間の役に立つ犬をつくり、どんな犬でも人間とより良く暮らせるようしつけることが私の使命。そこには犬を中心とした「団欒《だんらん》」といったものはありません。

　これまでに私が手がけた犬は、警察犬をはじめとした使役犬の訓練はもちろん、家庭犬のしつけにいたるまで、おそらく1000頭は下らないでしょう。

　そうした犬との関わりの中で、私は、人生に必要なすべてのことを学んできたような気がします。

「私の人生はすべて犬と共にあった」

　そう言っても決して言い過ぎではない。そんなふうに思います。

そして、そんな中、私の心の中にずっといつまでも生きつづけている、忘れられない犬たちがいます。

彼らに共通していたことは、人間を心から愛し、その身を人間のために尽くそうとした常識では考えられない奇跡を紡ぎだしたということです。

人間に恩返しをしようとした捨て犬がいました。

今にも消えそうな幼い命の灯を捜し出した犬もいました。

また、人間の身代わりとなって死んだ犬もいました……。

そんな犬たちとの出会いと別れを、いま私は初めてここに綴ろうと思います。

そこに介在した人間との魂の交換とでも言いましょうか、会話の成立しない者同士の間に芽生えた「究極の愛の姿」を知っていただきたくて、筆をとった次第です。

愛犬家の方はもちろん、何気なくこの本を手にした方も、読み終わった時、心の中で、犬への愛がより深まっていたら、これほどの喜びはありません。

藤井　聡

# 訓練犬がくれた小さな奇跡

目次

## Ⅲ



## Ⅳ



## Ⅴ

装　　　　丁　渡邊民人（タイプフェイス）
本文デザイン　堀内美保（タイプフェイス）
写　　　　真　斎城　卓
編 集 協 力　吉村高廣

本文の写真は、著者の訓練所で撮影されたものですが、
本文の内容とは直接関係ありません。

# I

# 1

# 人を幸せにした捨て犬アミー

警察犬として働く犬は、犯罪捜査や警戒警備の最前線でより長く活躍し、人と社会に役立つことができてこそ幸せを感じます。

そんな彼らは、生まれた時から将来を嘱望された犬のエリートばかり。長い間引き継がれてきた優れた血統と、あらかじめ備わった資質に磨きをかけ、大切に育てられていくのです。

そんな誇り高きエリート集団の中にあって、この犬、アミーの生い立ちと、求めていた幸せはまるで違っていました。

＊

「どうした！　なぜうまく跳べないんだ！」

障害物が並べられたフィールドに、私の口調もつい強いものになってしまいます。

警察犬の訓練競技会を1カ月後にひかえて、私が主宰する「オールドッグセンター」では、競技会に参加する犬の訓練を行っていました。

定期的に行われるこの訓練競技会に参加する目的は、自分が訓練している犬のドッグ・アビリティ（犬の能力）を把握することと、日ごろの訓練の成果をお披露目《ひろめ》することにあります。

もちろんそれだけではなく、ここで優秀な成績を出せば大いに注目を浴び、「優れた警察犬を育てた、優れた訓練所」として太鼓判を押されることはいうまでもありません。

それだけにこの訓練競技会は、私にとっても犬にとっても大きな檜《ひのき》舞台。当然、訓練にも力が入ります。

訓練を行っているのはアミー。雌《めす》のシェパードです。

アミーが行っているのは「服従科目」の中の「障害飛越《ひえつ》」という競技の科目。サッカーコートほどの広さがあるフィールドに、服従作業の会場が設営され、その科目の後半に用意された、障害物の高さは1メートル。それに、足を掛けずに跳躍の姿勢などを乱すことなく越えなくてはならない高等技術です。

この日もアミーは、なかなか上手に跳べません。障害物で必ず足を引っ掛けてしまいます。

ここのところの訓練では、何度やっても同じことの繰り返し。

しまいには、障害物を目の前にしてすわり込み、
「もう、これ以上は無理です……」
という眼差《まなざ》しをこちらに向けてしまうのです。

以前のアミーであれば難なくこなしていたもの。7歳という年齢にしても、決して若いとはいえませんが、まだまだ活躍できる年齢です。

にもかかわらず、ここにきて跳べなくなったアミー。

実はその時、アミーの体と心に、大きな変化が起こっていたのを私も知

らずにいました。

＊

7年前のことです。

動物愛護の活動をしているある財団の方から、相談を持ちかけられました。

年輩のご夫婦がシェパードの仔犬を飼ったところ、あまりの成長の速さとその大きさに、手に負えなくなってしまったといいます。

その仔犬は生後4カ月。血統書もあるし、まだ仔犬なので動物愛護指導センターに送るにはどうにも忍びない。あなたの訓練所で面倒を見てくれないものだろうか……といった相談でした。

シェパードは仔犬といえども4～5カ月も経つと体重は15キロを超えます。

またこの犬種は、そもそもが「羊追い犬」として繁殖された血筋であり、遊び盛りの仔犬であればその運動量は半端なものではありません。

犬慣れしていない老夫婦ならなおのこと、「もう、とても飼いきれない！」と悲鳴を上げていたに違いありません。

おそらくペットショップのサークルで見た時の仔犬は、あまりにも小さく、愛くるしかったため、先のことをあまり考えずに決めてしまったのでしょう。

ところが、いざ犬を迎え入れてわずか2カ月ばかりの間で、なんと15キロを超えるほどに成長してしまったばかりか、散歩に出かけても飼い主の方が振り回される。

老夫婦はここで、自分たちがとんでもない間違いを犯していたことを初めて気づいたのでしょう。

15キロを超えたシェパードはすでに成犬の風貌《ふうぼう》をかもし出しています。そんな犬を里親になって受け入れようという一般家庭は、そうそう見つかるものではありません。

それがアミーでした。しかし、ここ数日の間で引き取り手が見つからなければ、アミーは動物愛護指導センターに移されて殺処分になってしまう。

アミーに残された時間は長くはないのです。

まだ小さな仔犬でありながら、そんな自分の運命を悟っていたのでしょう。私が財団を訪れた時彼女は、環境変化のストレスから窮屈なケージの中でぺろぺろと肉球を舐《な》め続けていました。

そして私の姿を見たとたん身を固め、怯《おび》えた表情に変わったのです。その目はまるで、「助けて、殺さないで」と訴えかけているようでした。

*

最近、動物愛護指導センターに送られる犬たちの多くは自然発生的な野良犬ではなく、飼い主に「捨てられた」、あるいは飼えなくなって「持ち込まれた」犬がほとんどです。

アミーのケース同様、私が知る中でも象徴的なのは、シェパードやラブラドールレトリーバーといった人間に仕える能力を持った大型犬や中型犬が著しく多いということ。

それらの犬たちは、ペットショップのケージにいる仔犬の姿からは想像できないほど大きくなり、またその成長のスピードも小型犬に比べてとても速いのです。

結果的に「こんなはずじゃなかった。とても飼えない」といって犬を手放してしまう飼い主がいかに多いかということが分かります。

しかしこうした犬たちは、ほとんどの場合が殺処分されてしまいます。

最近では、そんな犬を救うために動物愛護指導センターから犬を引き取り、里親が見つかるまで世話をする民間ボランティアも増えてきましたが、それにしても救える犬の数はひと握りにしかならない、それが現実です。

アミーもまさに、そうした死の淵《ふち》をぎりぎりで歩いていた中型犬の1頭です。

そして彼女は、そんな中でも数少ない幸運な犬だったということができるでしょう。なぜならアミーは、閉ざされかけた未来の扉を開け、私のもとで「警察犬」としての道を歩き始めたのですから。

*

訓練所に来たアミーは、訓練士を目指す生徒の教材犬として2年の月日を送りました。敏捷《びんしょう》性に優れ、作業意欲も高いアミーは、期待以上の能力を発揮して成犬へと成長していきました。

そこで私はアミーに新しい「犬生」を与えることにしました。それが「嘱託《しょくたく》警察犬」としての仕事です。

警察犬には2つのタイプがあります。1つは警察管轄の厩舎《きゅうしゃ》に身を置き、事件や災害時に出動する直轄の警察犬。そしてもう1つは民間の訓練所などに所属しながら有事に備える「嘱託警察犬」の2つです。

アミーの場合は後者。オールドッグセンターの一訓練犬として日ごろは私の訓練所で訓練に勤《いそ》しみ、警察からの要請があった場合に出動する嘱託警察犬となったのです。

その仕事内容は、主に「警戒」というもの。

たとえば、サッカーのワールドカップの時に警官と共に警備についたり、防犯のパトロールに同行したりと、その存在をアピールするのが仕事です。

とはいえ、嘱託警察犬になるためには厳しい試験をクリアしなくてはなりません。アミーはその試験も難なくパスして、晴れて嘱託警察犬の仲間入りを果たしたのでした。

以後、嘱託警察犬としての活躍の機会は少なかったものの、多くの競技会に出場しては好成績を残し、一目置かれる存在となっていたのです。

＊

ところが、訓練競技会を目前にひかえて、アミーの跳躍は日を追うごとにますます冴《さ》えないものとなっていきました。

このままでは競技会はもとより、嘱託警察犬の資格延長の試験さえ危ういかもしれない。障害物をひっかけるくらいならばまだしも、「跳びたくない」といってすわり込んでしまうようでは合格するのはとても無理です。

「もしかすると、体調を崩しているのかもしれない」

そのくらいの気持ちで精密検査を行ったところ、アミーの足に疾患が見つかったのです。しかもそれは股関節の半脱臼《だっきゅう》による遺伝性疾患でした。

もっと若いころから痛みはきっとあったはず、と医師は言います。

勢いで騙《だま》し騙し跳んではいたけれど、年齢を重ねるうちにどうしようもなく痛みが足を襲っていたのだと。

だからアミーは、跳ぶのを嫌ったのです。決して怠慢などではなかったのです。

もう彼女の足は限界を超え、警察犬として働く心は折れていたのです。

訓練所に初めて来たころは、すっかり人間不信に陥っていたアミー。

しかし彼女は、長い間警察犬としての訓練を受け、人に仕え、社会に貢献することが「自分の使命」であるという思いが染みついた、立派な犬です。

だからこそ痛い足をひきずってでも跳び続け、どうにか「働く犬」であろうと努力してきたに違いありません。

障害物を前に、すわり込んでしまったアミー。跳べない自分をどんなに責めたか分かりません。きっとそれが、死の淵で救われた彼女の、恩返しだったのでしょう。

この日を境に、私はアミーを「嘱託警察犬」から引退させることに決めました。

「おまえはずっと、無理して生きてきたんだね……」

そう声をかけ、私はアミーをしっかりと抱きしめました。

＊

しかしアミーには、思わぬところから第二の幸せが舞い込んできました。痛みに耐えて懸命に務めを果たそうとした彼女の姿を、ちゃんと神様は見ていたのです。

警察犬としての務めを終えて間もないころ、東北地方でたくさんの犬を飼っている愛犬家の方から、「ぜひアミーを譲ってほしい」と申し出を受けました。

多くの犬を飼っているが、番犬になるような犬がいないのでアミーのような警察犬としての訓練を受けた犬ならピッタリだ、という話でした。私は引退させたアミーを、再び訓練所の教材犬としてそばに置こうと考えていた矢先のことでした。

しかしアミーの生い立ちと、疾患がありながらも懸命に耐えてきた彼女の今後を考えるならば、違った意味で人の役に立つ余生を送る方が幸せではないだろうかと思い、アミーを手放すことにしたのです。


あれから2年が経ち、アミーは9歳になりました。

愛犬家の方から時折頂戴するお手紙に、そんなアミーの近況を知ることができます。その手紙で私は、私の知らないアミーの素顔を教えられました。


すんでのところで死をまぬがれ、痛みに耐えて訓練を行い、務めを終えて新たなご家族たちと、新たな生活を送るアミー。

やさしいご家族の笑顔に囲まれて寛《くつろ》ぐアミーの写真を見るたびに、ようやく摑《つか》んだ彼女の新しい幸せが、いつまでも続くことを祈りながら、私は今日も訓練を続けています。

# 2

# 音のない世界で愛を伝える聴導犬・美音

音のない世界――。

皆さんは想像できるでしょうか？

人々がどれだけ楽しげに笑っていても、また緊急を知らせる電話が鳴ったとしても、音を失った人は気づくことができません。

それが日々の暮らしの中で、どれほど不自由でどんなにつらいことかは、耳の聞こえる私には知るよしもありません。

ただ、そうした人たちの生活を、犬を育てることで応援することならできる。

これは、音を失《な》くした人たちと共に生きる、「聴導犬」の話です。

＊

視力を失った人を助ける盲導犬と比べると、聴導犬の働きはまだまだ知られていません。

日本において視覚障害者の数がおよそ30万人といわれる現在、聴覚障害者はそれを上回

る35万人ともいわれています。

ところが盲導犬の数が約1000頭いるのに比べて、聴導犬はわずか19頭しか存在しないというのが実情です。

そもそも日本における聴導犬育成の歴史はおよそ30年ばかりのもの。それは1981年に私の父である藤井多嘉史によって始められました。

当時、日本小動物獣医師会から「アメリカで活躍する聴導犬を日本でもぜひ普及させたい」という依頼を受けて、社会福祉の一環として取り組み始めたのが日本における聴導犬育成の始まりです。

とはいうものの、当時は聴導犬のトレーニング方法など皆目分《かいもく》からず、アメリカから取り寄せた乏しい資料をもとに手探りで研究が開始されました。

以来、たくさんの紆余《うよ》曲折を経て、これまで私の訓練所から社会に送り出した聴導犬は17頭。

その中に、日本のエポックメーキングになった聴導犬がいるのです。

*

その女性が完全に音を失くしたのは、20歳の時のことでした。

大人としてこれから、たくさんの楽しい出来事に向き合おうとしていた矢先、彼女は「音の闇」に紛れ込んでしまったのです。

当時感じた絶望を、彼女は後に記した手記の中でこんなふうに述べています。

聞こえなくなっても生きていけるか？……もちろんＹＥＳ。生まれつき聞こえなくても、また人生の途中で聞こえなくなってもしっかりと生きている先輩たちがいっぱいいることを知っていたから。

じゃ、何が不安？

実習の残りができなくて、大学を卒業できないこと？

たとえ卒業できても、仕事に就けないんじゃないか、ということ？

結婚し、子どもを産んで「お母さん」になれないんじゃないか、ということ？

何よりつらくて、心配だったのは、周りの人たちが変わってしまうんじゃないか、ということでした。

（中略）

でも、家族や友人、そして彼もみんなみんな、私を今までと同じように見てくれないん

じゃないか、「たかが電話」すらできない私との付き合いが、だんだんとめんどうになってしまうのではないか、そう思えてしかたがありませんでした。

(『聴導犬・美音と過ごす幸せな日々』角川文庫)

音をなくすことでの生活の変化に、そして何より彼女をとりまく人々の心変わりに、彼女は大きな不安を抱えていました。

「もう誰も今まで通りの私として見てはくれないかもしれない。そしてそのうち、私のことなど相手にしてくれなくなるかもしれない……」

それは不安というより、恐怖だったといいます。

しかし彼女を取り巻く人々は、みな温かかった。

周りの人々のサポートによって大学も無事卒業。就職もして、長年おつき合いをしていた男性との結婚も決まり、音が聞こえないということを除けば普通の幸せを手に入れようとしていたのです。

ところが——。

それまで彼女はご家族と一緒に生活していたため、家の中でのあれこれは誰かが「耳がわり」を果たしてくれていました。しかし、結婚をして夫婦2人の生活を送るとなると、ご主人が会社に行っている間はひとりで過ごさなければなりません。

生活の中にはさまざまな音があり、人間はそれを聞き分けながら生活していることに彼女は改めて気づいたのです。

「人が訪ねてきたらどうしよう……」

「ヤカンにお湯をかけていることをうっかり忘れてしまったら……」

考えれば考えるほど、悪いことばかりが頭に浮かび、ひとりで過ごす時間が恐ろしくてなりません。

どう考えてみても、ご主人の留守中ひとりで過ごすことは無理。

やはりダメかもしれないと、彼女はあれだけ夢見た結婚すらも半ば諦《あきら》めかけていたといいます。

そんな矢先、ふとしたことから知ったのが「聴導犬」の存在だったのです。

＊

飼い主の名前を呼ぶ声、電話やファクスの音、インターフォンの音、笛吹きヤカンの音、目覚まし時計の音、火災報知機の音、赤ちゃんの泣き声、車のクラクション音、こうした音を聞き分けて、飼い主のもとに駆け寄って前肢で「トントン」と知らせてから、音のした場所に導いていく。

そんな聴導犬の働きを知った彼女は、

「ぜひ、一緒に暮らしてみたい！　そんな犬と一緒なら、私も自信を持って毎日の生活を送れるかもしれない」

と、人生を賭《か》ける強い思いで、私たちの訓練所の門を叩《たた》いたのです。

もちろんこれらの音を知ることで、暮らしの不便がすべて解消されるわけではありません。しかし音を失くした人たちにとって聴導犬の果たす役割はとても大きなものがあります。

そして彼女の「耳」となった犬は、ご自身が連れてきた柴犬の仔犬。

その仔犬に彼女は「美しい音」と書いて「美音《みお》」と名づけました。

美音は7カ月の訓練期間を終えて、無事適性試験に合格しました。

これで彼女の暮らしも安心。そして社会参加における不自由を大きく軽減できるものと私たちも、また何より彼女自身も思っていました。

ところが、そうした期待はいともたやすく崩れさることになるのです。

「ペットの入店はお断り」というスーパーやレストランがありました。

「犬は乗せられない」というタクシーの運転手さんがいました。

また、「盲導犬なら会社の規則にあるからいいけど、聴導犬なんて知らないからダメ」という電車やバスがありました。

＊

家の中での不自由は解消できたものの、家から一歩外に出たとたん、こうした心ない差別の眼差しが彼女と美音を取り巻いたのです。

そのため彼女はいつでも次のようなメモを持ち歩いていたといいます。

『この犬は聴導犬です。耳の不自由な私の耳代わりになる犬です。外出時も車のクラクションなどを知らせるため、一緒に出かける必要があるのです。盲導犬と同じようにきちんと訓練を受け、認定されているので、ご迷惑をおかけすることはないと思います。一緒に入ってもよいでしょうか』

そこまでしても、頑《かたく》なに犬を嫌う店や人たちがたくさんいました。

これはすべて、聴導犬に対する認知度の低さと、法律で守られていないことによる「社会的差別」が原因です。

同じ不自由を抱える人を助ける犬でも、盲導犬はその存在を認定する法律があり、目が不自由な人たちが社会参加できるよう電車やバスにも乗ることができます。しかしそれでも「身体障害者補助犬法」成立以前は、入店に関しての法律はありませんでした。道路交通法の中に盲導犬に関する項目が入っているだけ。つまり、道を歩くための法律だったのです。

一方、美音が入店拒否を受けていたころの聴導犬は、性能認定はされていても法律で認められた福祉犬ではないため、お店としても「入店させる義務はない」という、あまりにも杓子定規《しゃくしじょうぎ》な回答がほとんどでした。

そんな彼女のもとに２００２年の５月、朗報が届きました。

それが、聴導犬や介助犬などの社会参加を促進する身体障害者補助犬法の成立です。

盲導犬、介助犬、聴導犬、この３つの働きをする犬を「身体障害者補助犬」とし、それぞれの使用者の自立や社会参加促進を目的として、２００２年10月１日から施行されることが法律で決まったのです。

この身体障害者補助犬法では、区役所やホールなど国や地方自治体の管理する施設、電車やバスといった公共交通機関、レストランやホテルなど多くの人が利用する民間施設に、「補助犬の同伴を拒んではならない」と義務づけたものです。

この法律によって、盲導犬同様、聴導犬もあらゆる差別から解放されることとなりました。

さらにはその正式認定第1号に、彼女のパートナー、美音が認定されたのです。

これまで嫌な目にたくさん遭ってきた2人は、これからどんな場所でも普通の人と同じように活動できる権利と自由をようやく手に入れたのです。

しかし、あれからずいぶんと年月が経ちましたが、聴導犬の認知度はまだ高いとはいえず、法律ができたことはおろか、聴導犬という犬がいることすら知らない人がたくさんいます。

そして街を歩く上での不自由は、まだまだあると彼女はいいます。

しかし、美音と共に生きてきた彼女は、法律で権利を獲得すること以上に幸せを感じることもあったといいます。

それは、普通の愛犬家以上に自分の体の一部として犬を感じながら、「共に生きていく」という、真の意味でのパートナーシップを持ち得たことです。

今、彼女の新たな「耳」を務めているのは、ブランカという白い雑種犬です。

彼女を支える〝音のバトン〟は、犬たちによって引き継がれました。

では、務めを終えた美音はどうなったのか――。

美音は、引退してもそのまま、その女性のもとで一緒に生活しているのです。

美音は、今彼女と悠々自適の老後を送っています。美音は、人間でいえばすでに80歳を超えた老犬。当然ながら、彼女と共に歩いた若いころの元気はありません。しかし、一緒に生きてきた信頼関係があります。

音を失った彼女とだんなさん、そして3人の子供たち。彼女を支える新しい聴導犬のブランカ。そして聴導犬としての役目を無事に終えた美音の、幸せな新しい共同生活が始まったのです。

# 3

# 捨て犬が人を救う

それは冷たい雨が降る、シーズンオフの避暑地でのことでした。

県警に引き渡した警察犬の初期訓練に立ち会った私は、夏場ともなると長い行列をつくる老舗《しにせ》そば屋に立ち寄り、峠のバイパスに向かって車を走らせていました。

その時、私の車のはるか前方に1頭の犬が姿を現したのです。

その犬は近づく車に逃げる様子もなく、こちらを向いてただじっとたたずんでいます。

車を降りると、その犬が私めがけて勢いよく走り寄ってきました。

ビーグルの仔犬です。そしてその仔犬は、私のことを少しも警戒していません。

なぜこんな所にビーグルが……、しかもこんな季節はずれに。

よくよく見ると、仔犬には首輪がありません。

私はすぐに合点がいきました。捨てられたのです。

仔犬はきっと国道に車の走る音が聞こえるたびに、「あの人が助けてくれるかもしれない」と思い、姿を見せていたのでしょう。

どれほどそんなことを繰り返してきたことでしょう。泥まみれの痩《や》せた体を私の足にすり寄せて、ブルブルと震えながら「クーン、クーン」と鳴いています。

そして私を見上げるそのまん丸の瞳は、「もう、ボクを置いていかないで」と語りかけているようでした。

＊

今、避暑地における捨て犬は、大きな問題になっています。

人で溢《あふ》れかえったシーズンが幕を閉じると、そこには首輪をはずされてしまった、たくさんの犬たちが置き去りにされています。

それはビーグルなどの中型犬だけでなく、チワワやミニチュアダックスフントといった小型犬、さらにはラブラドールレトリーバーのような、一般の家庭で世話をするにはそれ相応の準備が必要な大型犬にまで及びます。

一度はみな家庭に迎え入れられ、人間に寄り添って生きていくことを約束されたはずの犬たちです。

また彼らは、そうすることでしか生きていくことができない犬でもあります。

人間と共に暖かな室内で暮らし、最初のうちはベッドで一緒に眠ったこともあるかもしれません。

そんな犬たちを、まるで一時の心を満たすインテリアのように扱う飼い主のいかに多いことか……。

しかし彼らは知らないのです。捨てられた多くの犬たちの行き着く先は、死であることを。

地域の動物愛護指導センターによって捕獲される。あるいは、センターの捕獲を免れたとしても、彼らは野犬として生き延びる術《すべ》を知りません。

いずれにしても、飼い主によってひとたび首輪をはずされてしまった犬たちに待ち受けているのは、早過ぎる死だけなのです。

＊

ひところ、テレビのコマーシャルで火がついて、チワワが大ブームになったのを覚えている人も少なくないでしょう。

もちろん今でもチワワは人気犬種のひとつですが、あのころの盛り上がりようは尋常ではありませんでした。

どこのペットショップでも、チワワは即日完売。供給が需要に間に合わず、まるでオートメーション方式のように乱繁殖を行うブリーダーも少なからず存在したものです。

こうしたことはチワワだけに限ったことではなく、その時々でさまざまな犬種においても繰り返されてきたことです。

ミニチュアダックスフント、プードル……などその犠牲になった犬たちは数えだしたらきりがありません。

そして乱繁殖による犬の最大の不幸は、「遺伝性疾患」です。

犬には３００通りもの遺伝性疾患があるといわれており、それらの病気をすべてクリアした親犬同士の交配でなければ、生まれてくる仔犬は必ずなんらかの病気を持っているといわれます。

生まれながらに障害を持った子もいれば、小さなうちは素人《しろうと》目には分からない程度の子もいて、流行犬種の場合、そのぎりぎりの線で売り物としてしまう販売業者さえあるのです。

そして、飼い主がこの病気に気づいた時点でどのような態度を示すのか。

犬の運命はここで決まります。

受け入れた犬を自分たちの家族の一員として愛

情をそそぎ、病気すらも受け入れていこうという家に迎えられた犬は幸せです。

一方、「こんな犬を飼うはずじゃなかった！」という飼い主だと、もう犬の居場所はその家にはありません。

というより、どこにもないのです。

＊

私の知人がチワワを飼うことになりました。

最初は例にもれず、テレビコマーシャルの影響で、２人の娘から強くせがまれて知人も重い腰を上げたのだといいます。

ところが、家族そろってペットショップに出向いたところ、なんともいたいけなその小さな姿を見て、娘たちばかりか両親ともども魅了されてしまい、生後2カ月の仔犬を買うことを即決したのです。

まさにあのテレビコマーシャルそのもので、「私を連れていって……」と、潤《うる》んだ瞳で訴えかけられた友人家族は、一も二もなく即決してしまったということでした。

ところが、それから2カ月後ほど経ったころ、私のもとに「誰かもらってくれる人はいないものでしょうか」という連絡が入ったのです。

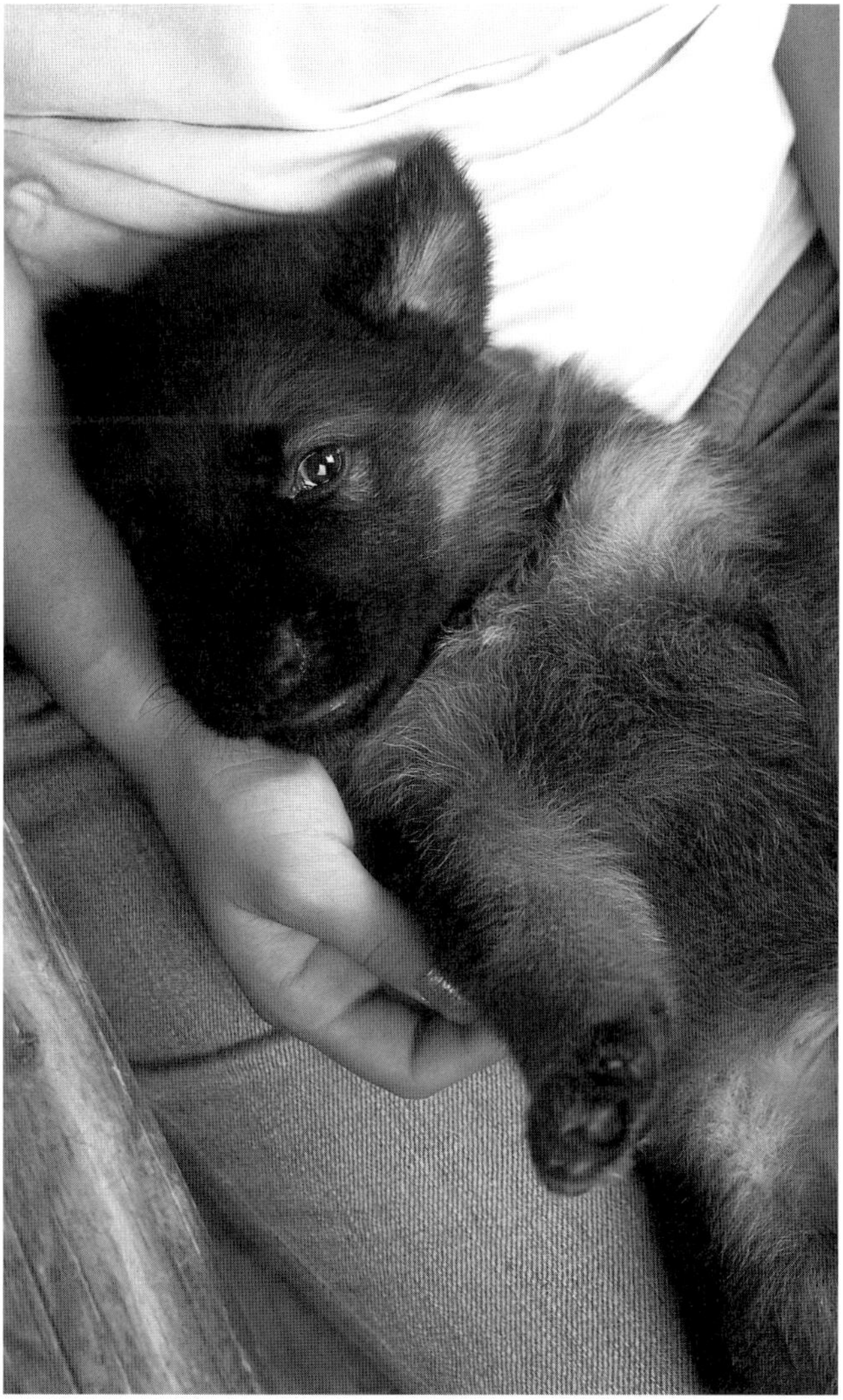

仔犬を飼ってわずか2カ月。たった2カ月で「もう飼えない」というのです。

しかも電話口の彼は相当憔悴《しょうすい》しきっていました。生後4カ月のチワワのことで、彼の家族はみな疲れきっているのだと。

話を聞くと、「怖くて誰も近寄ることができない」といいます。

家に迎えた当初から、元気のいい仔犬だったというそのチワワは、部屋の中を走りまわり、無駄吠《ぼ》えも多かったようです。また多少咬《か》まれたとしても、生後2カ月の仔犬のやること。家族の誰ひとりとして咎《とが》めることもなく、むしろその小さな命のたわむれを微笑《ほほえ》ましいくらいに考えていたということでした。

ところが、ひと月経ち、ふた月経ち、チワワの無駄吠えはエスカレートするばかり。家族の誰かが近寄ろうとしようものなら「ウウ〜」と、その小さな体からは考えも及ばないようなうなり声を上げ、挙げ句の果てには火がついたように吠えまくる。そうなったらもう手のつけようがありません。

そしてある日、ついに決定的な事件が起きました。

寝ているチワワの頭に手をやった娘さんが、気配を察して突然目覚めた仔犬にガブリと咬みつかれ大ケガをしたのです。

以来、生後4カ月のチワワは家族にとって、可愛らしい愛犬ではなく、存在自体が恐怖の猛犬になってしまったのです。

＊

彼の家を訪ねた私を見て、そのチワワは激しく吠えたてました。

今にも飛び掛からんとするかのように体勢を低くし、小さな歯をむき出しにして、見知らぬ侵入者から自分のテリトリーを守ろうと、攻撃の意思をあらわにしているのです。

「ここの家では、この子がリーダーになっていますね」

私は、今の状況を彼ら家族に説明しました。

チワワがこの家に来て以来、家族はしつけらしいしつけをせず、甘やかし放題で接してきたといいます。

その結果チワワは、「しめしめ、これは何をしても叱《しか》られないぞ」と、わがままな犬になってしまった。犬というのは、そのくらいの賢さを持っています。

つまり、この家で一番偉いのは、「自分だ」と思っているのが今の状況なのです。

そしてこうつけ加えました。

「こういうふうになったのは、犬の責任じゃありませんよ。問題があったのは飼い主さん

の方。皆さんは犬との接し方を間違ったのです」と。

このチワワは、ひとまず私の訓練センターでしつけの教育を行い、それと同時に飼い主に対しては犬との接し方を学んでもらいました。幸いにして今では犬も人間も平和な毎日を過ごしています。

しかし、ひとたびもつれてしまった犬と人間の関係が修復できるケースは稀《まれ》です。多くの場合は、修復できず、というよりも、人間の方が修復しようという努力をする前に、犬を飼うことを放棄してしまう場合が多いのです。

またそれは、この家庭のチワワのように、甘やかし過ぎて「手がつけられない状態になったから」というものや、飼ったはいいけど「飽きてしまった」という、いたって無責任なケースもあります。

しかしその一方で、飼い主自身が歳を取り過ぎて「体力的に飼えなくなった」という、人の力が及ばない難しいケースも少なくありません。

＊

今、日本全国で1年間に殺処分される犬の数は、約11万8０００頭（平成18年度全国動物行政アンケート）にものぼるといいます。

毎日約300頭以上の犬が、薄暗いガス室で短い命に幕を下ろしているのです。

その瞬間、犬はどんなことを考えるのだろうと、私は時折考えます。

自分を見捨てた人間に対して、憎悪の念でいっぱいなのだろうか。

それとも、ほんの少しでも、人間と楽しく暮らしたわずかばかりの間のことや、うれしかったことなどが思い浮かぶのだろうか。

それはやはり、同じ人間としてあまりにも虫のいい考えだとは思いますが、そうあってほしいという気持ちも心のどこかにあります。

犬を飼うということは「命に責任を持つ」ということでもあるのです。

小さな子供が自分の親を頼りきっているように、犬もまた同じように人間のことを信頼しているのです。

もちろんいろいろな理由があるでしょう。しかし、親が自分の子供のすべての責任を負うように、ひとたび犬という命を受け入れたなら、最後までその命に責任を持とうとするのは当然のことではないかと考えています。

＊

あの日、私が避暑地から連れ帰ったビーグルは、みるみる元気を取り戻していきました。

そして、訓練所にいる先輩犬たちとも物怖《ものお》じせずに接し合い、仔犬らしい潑剌《はつらつ》さと生来の人間好きな性格で、周りのスタッフの心を和《なご》ませてくれています。

私は彼のそんな個性を見込んで、しつけ教室のデモンストレーション犬に仕立てることを決めました。厳しい訓練に戸惑いながらも、毎日元気よく、そして着実に仕事を覚える彼の姿には、生きるチャンスを再び与えられたことへの喜びを感じることができます。

人間に見捨てられながらも、

人間の役に立つ犬になろうとするけな気《げ》な仔犬。

しかし、彼が言葉を話せたなら、その大きな目をクリクリさせながら、きっとこんなことを言うことでしょう。

「それでもボクは、幸せだよ」

# Ⅱ

# 4
# 中越地震で奇跡の救出劇を演じたレスター

新潟県中越地方を襲った大震災から4日目のことです。東京消防庁のハイパーレスキュー隊が、土砂崩れの現場からひとりの男の子の救出に成功しました。

その様子の一部始終はテレビニュースでも報道され、「奇跡の救出劇」としてレスキュー隊員たちの活躍に日本中から喝采が送られたのです。

繰り返し放送される救出劇の中に、1頭のシェパードの姿があったのを記憶されている方はいるでしょうか。

実はその犬こそが、この救出劇における陰の立役者だったのです。

＊

激しい地震に見舞われた現場は地盤が緩く、二次災害も心配されるきわめて危険な状態にありました。

しかし、土砂の中には確かに生存者がいるのです。

道路を覆う岩のわずかな隙間《すきま》から、「ああ、うう……」という、今にも消え入りそうな

声が聞こえてきます。

余震のことを考えても、助けを求める人命のことを考えても、ここで手をこまねいている時間はない。苦しそうに声を上げる生存者を一刻も早く救出しなくてはならない……。自らの命をも危険にさらしつつ、レスキュー隊員たちの懸命な作業が続きます。

そして数時間後、彼らがようやく助け出したのは、なんと衰弱しきったおむつ姿の男の子だったのです。

男の子は助け出された直後、「ママ」とつぶやいたといいます。

しかし間もなく現れたのは、大小2つの毛布の包み。

残念ながら、車に一緒に乗っていたお母さんと、3歳になるお姉ちゃんは即死でした。

地震が起こった夜以来、妻子の無事を祈ったお父さんは、救出された息子の手を握りしめてつかの間の喜びもさめやらぬうち、愛する2人の家族の訃報を耳にしてその場で泣き崩れたといいます。

しかし、その後、この2歳の男の子が成長する元気な姿を見るにつけ、勇気をもらうのも事実です。

＊

この時の男の子の救出に大きな役割を果たしたのが、警視庁に所属する救助犬のレスターです。

レスターは、実は、私の訓練所で、1歳になるまで使役《しえき》犬としての訓育を行い、警察に引き渡した犬だったのです。

レスターは指導手にリードを解かれ、ハイパーレスキュー隊と共に捜索を開始しました。

足場の悪い急な斜面に大きな岩が積み重なる現場では、いかに鍛え抜かれたハイパーレスキュー隊といえども捜索はままなりません。

そんな中、岩から岩へと跳び移りながら「鼻を利かせる」レスターの姿があります。

そして間もなく、レスターが吠《ほ》えたのです。

レスターは、「ここに人がいる。まだ生きている！」と、命のにおいを嗅《か》ぎつけました。

隊員たちはレスターのもとに歩み寄り、少しずつ岩を取り除いていくと土砂の中から男の子の声が確かに聞こえます。

「えっ！　ほんとうに！」

この時、レスキュー隊員たちは心底驚いたといいます。

彼らにしても、この土砂崩れを起こした現場に「必ず誰かいる」と確信していたわけではありません。あくまでも、その可能性を信じて捜索を開始したのですから。

それを人間の5000倍といわれる犬の嗅覚能力をフルに活用し、その優れた嗅覚力を発揮して、レスターは「生きている人」のにおいを嗅ぎつけたのです。

＊

救助犬は、「生きている人」のにおいだけに反応するように訓練されています。たとえ土砂に埋まっていようとも、瓦礫《がれき》に挟まれて声ひとつ出せない状態であったとしても、そこに命の灯がある限り、救助犬はそれを必ず嗅ぎつけるのです。

いうなれば、男の子の生命力こそが、レスターの「鼻」に訴えかけたということができるでしょう。

そんな嗅覚を高めるため、日ごろの訓練においても訓練士たちがさまざまな所に隠れたり、もぐったりしながら「生きている人」を探す訓練を行います。

いわば救助犬というのは「命のにおい」を嗅ぎつける犬といえるのです。

同じように「鼻」を使って役立つ犬でも、事件現場で犯人の遺留品や足跡のにおいを追跡する警察犬の鼻とは別物で、救助犬が犯罪現場に駆けつけて犯人を追い、お手柄を挙げるということは決してありません。

あくまでも救助犬は、「尊い命」を嗅ぎつける犬。

かたや事件現場で活躍する警察犬は、「悪の心」を追う犬。

同じ「鼻」のスペシャリストであっても、その役割も、訓練の仕方もまったく異なります。

とはいえ、両方とも人と社会のために自分の命をなげうって働く犬であることに違いはありません。

にもかかわらず、一般的に警察犬や救助犬の活躍はほとんど評価されることがなく、彼らの活躍は表舞台で語られることはないのです。

この「救出劇」においてもクローズアップされたのは常にハイパーレスキュー隊の活躍ばかりで、その活躍の源となったのが救助犬だったということは、ほとんど知らされることがありませんでした。

果たしてどのくらいの人が、あの険しい現場で救助犬が大活躍したことを知っているでしょうか。また、どれほどの人に、救助犬の必要性を感じてもらえたでしょうか。

もちろん救助犬の使命は、人々から賞賛されることではなく、捜索が困難な場所にあって人間の役に立つことにほかなりません。

「そんなことは分かっているはずじゃないか」と思いながらも、愛情を持って「働く犬」を育てる者として、私は、彼らの陰の活躍を少しでも知ってもらいたいと思っているのです。

＊

犬の持って生まれた能力というのは、おおむね1歳ころまでには見極めがつくものです。そうした観点からいえば、仔犬のころのレスターは飛び抜けて優れた犬ではありませんでした。

その当時、レスターと一緒に訓練を行っていたシェパードの中には、レスターよりはるかに優れた能力を持った仔犬もいたので、警視庁から引き取りの要請を受けた時も、「えっ、なんでこの子を持っていくのかな？」と不思議に思ったほどです。

もちろんレスターが悪い犬だったというのではなく、運動能力にしても、物覚えにしても「そこそこ」はできたのです。

それにしても、あのレスターが災害現場で大活躍するとは……。テレビに映る姿を目にしても、私自身、最初それが私の訓練所で懸命に訓練を受けていたレスターであるとは夢にも思わなかったくらいです。

しかし、生まれながらに高い潜在能力を備えた犬というのは、扱いづらい一面を持っているのも事実です。

私たちが訓練を行う中で、「この犬は天下逸品」と思えるような犬は、指導手の精神状態を敏感に察知して、行動に混乱をきたしてしまうことがままあるのです。

たとえば競技会などに出場して、指導手が緊張していたとしましょう。勘の鋭い犬は指導手の緊張が伝染してしまい、思

うような動きができなくなってしまいます。もしそれが犯罪や災害の現場で起こってしまったら、いかに折り紙つきの犬であっても、番犬ほどの活躍もできません。

つまり一流の犬はとてもデリケートで、彼らをコントロールするためにはその犬を扱う人も少々のことでは動じることなく、常に「主従関係」をしっかり保てる一流の指導手であることが絶対条件となります。

次の章で紹介する〝鼻の捜査官ハヤテ〟などはまさにこのタイプ。頭の回転が速く、作業意欲に富んだ天下逸品の犬でしたが、コントロールするのが難しい犬でした。

指導手が判断を迷っていたり、中途半端な気持ちで命令を出しても、決して言うことを聞こうとはしません。裏を返せば、それだけ自尊心と自律性の高い犬だったということができるでしょう。

とはいえ、県警から引き取りの要請を受けた時には「この犬ばかりは、惜しいな」とさすがに躊躇《ちゅうちょ》したほどです。

そういった意味ではレスターは、訓練のしやすい楽な犬だったと思います。1歳時に私のもとを離れて警視庁に行き、担当者の方が上手に育ててくれたのでしょう。

ハヤテほどの潜在能力はなかったものの、レスターには素直さがありました。訓練士の言うことをよく聞いて、それを実直に行おうと努力する可愛げのある犬であったことは確かです。

＊

救助犬は1994年から警視庁に導入されるようになって、翌95年に阪神地方を襲った大震災の時は、まだ訓練中であったため出動は見送られました。

実はレスターが活躍した中越地方の震災が、日本における初めての救助犬出動であったのです。

そんな中、現場には警視庁から派遣された救助犬以外にも、複数の民間団体のボランティアの方たちが自分たちで訓練した犬を連れてきていました。

確かに有事における社会貢献ということでは大変素晴らしいことです。

しかし、こうした現場においては相当高いスキルを持った救助犬でなくてはなりません。もし、きちんとした訓練を行わずに現場に出向いてしまえば、犬の反応によって現場が振り回され、貴重な労力の無駄使いと大きな失望感を味わうことも考えられるからです。

実はこの震災の時も、家屋倒壊の現場で民間ボランティアの方が連れてきた犬が「ワン、ワン」と吠えたため、そこをみんなで一斉に掘り返したところ、けっきょくそれは間違いだったということがありました。

被害に遭った方たちは、一縷《いちる》の望みを託して作業に臨む人たちを見守っています。また救出作業にあたる人たちも、寝る間も惜しんで尊い命に近づこうとするのです。そんな緊迫した現場で、「犬の勘違いでした」と知った人たちの落胆は計り知れないものだったでしょう。

災害時において、被災された方々に「少しでも役立とう」とする気持ちは大事なことで

すが、やはり命懸けの現場で働く犬は、厳しい訓練を積んだプロフェッショナルでなくてはならない。それが私の持論です。

＊

レスターはこの活躍で警視総監賞をもらいました。

警視庁として初めての救助犬の出動で、幼い命を救出する手がかりをつくったのですから、救助犬を導入した甲斐《かい》は大いにあったわけです。もしこれが人間の捜査官であれば昇進するのは間違いなしの大活躍です。

警視庁内部のことですので確かなことは分かりませんが、おそらく長官の前に指導手と共に出向いて、レスターはくびにメダルか何かをぶら下げられ、担当指導手には賞状でも手渡されたのではないでしょうか。

でも、レスターはちっとも喜んではいなかったと思います。メダルや賞状をいくらもらったところで、腹の足しになるわけではないのですから。

「くれるんだったら、もっとマシなものをくれよ、ステーキでも、ワン！」

あのレスターのことです。

きっと、そんなふうに思っていたに違いありません。

# 5

# 犯人の目の前で
# ぴたりと止まった
# ハヤテ

優秀な刑事を讃《たた》える言葉に「鼻が利く」という言葉があります。

それは、人間とともに事件を追う警察犬にしても同じ。いや、むしろ人間以上に「鼻の利き手」でなくては警察犬は務まりません。

これはかつて私が育て、「鼻の捜査官」と呼ばれ、大活躍したあるシェパードの話です。

＊

あるホテルの支配人から県警に通報があったのは、日も変わろうとしている深夜のことでした。1人で宿泊していた女性客が部屋に忍び込んだ男たちに暴行されかけたというのです。

通報を受け、ホテルに駆けつけた刑事たちは女性に事情を尋ねましたが、ショック状態に陥っていて要領を得ず、犯人の顔貌《かおかたち》はもとより、人数すらはっきりしません。

手がかりを求めて部屋の捜索をした結果、収穫を得たのは男物のパンツが1つ。

また宿泊客名簿を見ても、いずれも同じような若者同士の旅行客ばかりで、これといって不審な泊まり客がいるわけでもなさそうです。

深夜の未遂事件ゆえ、宿泊している男性客全員に事情聴取するわけにもいかず、刑事たちは完全なお手上げ状態です。

時間ばかり過ぎていき、捜査は完全に暗礁に乗り上げていきました。

とはいえ、未遂に終わった事件といえども、女性に対する性的暴力というきわめて悪らつな犯罪を、「手がかりがないので今夜の捜索は終了」で済ませるわけにはいきません。

そこで県警の切り札である〝鼻の捜査官ハヤテ〟の登場となったのです。

＊

現場に到着したハヤテがまずやったことは「足跡追求」という作業です。

これは遺留品としてあったパンツとさらしの布をビニール袋に一緒に入れ、臭いを移行させ、そのさらしの布についた臭いを源臭気として警察犬は捜査を開始します。

リードを解かれたハヤテは、自慢の鼻を利かせてクンクンと部屋の中を嗅ぎまわり、さらしの布と同じ臭いを探し始めました。

しばらくするとハヤテは、合点がいったように突然部屋を飛び出し、ホテルの廊下を鼻を利かせて歩き始めました。

この事件の場合は、遺留品が残されていたため、ハヤテはその臭いを元として足跡追求を開始しましたが、事件によっては遺留品が残されていないことも多々あります。しかし、そんな場合でも警察犬の鼻は犯人を追うことができます。

それは周囲に立ち込める異常臭気を察知してその臭いを追うというもの。まさに人間の5000倍の嗅覚能力を持つ「鼻のスペシャリスト」ならではの捜査方法です。

特に密室における犯罪ならば、遺留品があろうがなかろうが、その鼻から逃れることはまず不可能です。警察犬は、「怪しい臭い」を発する犯人臭気を必ず嗅ぎあてます。

さて、部屋を出たハヤテは、長い廊下を非常階段の方へと歩いていきます。

指導手が非常階段のドアを開けるとハヤテは勢いよく階段を上っていき、女性の部屋があった階からさらに3階上のドアの前で止まりました。指導手がようやくハヤテに追いつきドアを開けると、鼻を廊下にくっつけるようにしながら再び歩き始めます。

歩いては立ち止まり、そしてまた鼻を利かせて歩きだし……。

そして、1つのドアの前で立ち止まりました。

ハヤテはもう、一歩も動こうとはせず、「犯人はここにいる」と目で語っています。

そんなハヤテの眼差しに確信を得た刑事たちは、その部屋のドアをノックしたのです。

＊

出動要請がある直前まで、ハヤテは警察の廐舎《きゅうしゃ》で夢の中にありました。そんなハヤテは担当指導手の指令によって現実の世界に引き戻され、大きなあくびとともに伸びをひとつして、のろのろと立ち上がります。

ところが現場に向かうクルマの中でのハヤテは、「いよいよオレの出番か！」とばかり、深夜であるにもかかわらず目をランランと輝かせ、鼻息も荒かったといいます。

指導手から聞いたその

時のハヤテの様子は、警察犬のみならず、「働く犬」たちの特性をよく表しているものです。

つまり「働く犬」たちというのは、自分に与えられた使命を果たすように訓練され、常にその時を待っているのです。

たとえば盲導犬や介助犬などは、不自由を抱える人の役に立つことで大きな喜びを感じることができるし、警察犬は犯罪や災害、防犯といった社会の暗い部分に身をもって貢献することで自分の存在価値を示すことができることを知っています。

こうした考えは、人間の都合の良さと見る人も少なくありませんが、それは違います。むしろこれは主従関係の理想の姿であり、「リーダーに従って生きる」という犬の行動特性を知った上での、人間と犬との健全なかかわり方にほかなりません。

犬と人間にまつわる歴史をさかのぼれば、犬は猟犬・牧羊犬や番犬としてその役割を果たしてきました。

それが今では、多くの場合がペットとして一般の家庭で飼われています。人間の暮らしが都市型中心になるにしたがって、犬の役割も大きく変わってきたのです。

とはいえ、そもそも犬というのは、とてもプライドの高い動物です。またそのＤＮＡはどんな犬にも引き継がれているのです。

そしてその自尊心が満たされるのは、人間に対して、あるいはリーダーに対して「自分は役に立っている」と感じている時なのです。

＊

そんなハヤテと初めて出会ったのは、彼が1歳になる直前のころのことです。

私が主宰している犬の訓練所「オールドッグセンター」で訓練士を目指す生徒たちの教材犬としてよそのブリーダーさんからもらい受けたシェパードの仔犬でした。

優秀な警察犬になる条件のひとつに「血統」があげられますが、それに加えて大切なのが「作業意欲」です。

この作業意欲というのは、訓練に対して貪欲《どんよく》であるか否か。

平たく言うならば、いつでも「動きたい」という気持ちを持っているかどうかです。これはもう、天性の資質のようなもので、訓練を積めば向上するというものではありません。

ハヤテは、この作業意欲を他の訓練犬とは比べものにならないほど強く持っている若《じゃっ》犬《けん》でした。

実際の訓練では、目的とする臭いをつけたボールと、複数の違う臭いをつけたボールを隠して、私の「探せ！」のひと言で仔犬は飛び出していきます。そしてうまく見つけられたらご褒美《ほうび》がもらえる。

この訓練を通して、私はハヤテが他の若犬たちと比べてずば抜けた能力を持っていることに早くから気づいていました。

「この子は将来、必ず優秀な警察犬になるだろう」と思ったものです。

警察犬や救助犬、さらには麻薬探知犬などに求められる「嗅覚作業」の能力は、こうした訓練を何度も繰り返し行うことで高まっていきます。

ところが中には、訓練に飽きてしまう犬たちもいるのです。

一般的に犬というのは、一度熱中し始めた遊びや作業については、飽きることなくいつまでも取り組んでいるといわれています。しかし私たちがつくる「働く犬」の訓練というのは、犬自身の気分次第でやめることはできません。

そうなってくると、いくら遊びが大好きな仔犬といえども、中には苦痛を感じる子が出てきます。

優秀な警察犬になれるか否かはここで決まります。

ハヤテはこうした訓練を何度繰り返しても飽きることなく、喜んで取り組み「嗅覚作業」の能力をみるみる高めていきました。もちろん彼の心の中には、「いっぱい褒めてもらいたい。もっともっとご褒美が欲しい」といった思いがあったのでしょうが……。

そして2年の訓練を終えたハヤテは、犯罪捜査の第一線で活躍すべく警察犬として県警へと譲渡されていきました。

*

そんなハヤテの初仕事がこの事件だったのです。

湖畔のリゾートホテルの一室にたむろする4人の男たち。年のころは20代前半。まだ学生風情《ふぜい》が漂う若者たちです。

ある者は舌打ちをして下を向き、またある者はガムをクチャクチャさせながらうそぶいています。

しかし、どれだけ表情を装ったとしても、彼ら4人が極度に緊張していることは隠しようがありません。

それもそのはず、男たちの目の前には県警から駆けつけた屈強な刑事たちの険しい顔が並んでいるのですから。

そんな張りつめた部屋の空気を切り裂《さ》くように、ハヤテが鋭く吠えました。

悪事を働き、そのシッポを摑まれながらも、知らぬ存ぜぬで一向に口を割ろうとしない男たちを、県警切っての「鼻の捜査官」が一喝したのです。

そのひと吠えを合図に、刑事に促された警察犬のハヤテは鼻を利かせて男たちに近づくと、確信を持って1人の男の前で立ち止まり、「おまえだな」と視線で告げ、その男に向かって再び強くひと吠えしました。

今しがたまでうそぶいていた男は、ハヤテの迫力にすくみ上がり、逃げ

きれない状況であることを悟ったようです。

ここで鼻の捜査官の役目は終わりです。

主犯格の男を刑事たちに引き渡したハヤテは、指導手の横で何事もなかったかのようにおとなしく伏せています。

以後、男は刑事の問いかけにも素直に応じ、4人ともその場で〝お縄〟となったということです。

*

事件が解決して数カ月後、警察を訪ねた折に私はこのハヤテのお手柄を担当の指導手から聞かされました。

そしてその活躍を心からうれしく思ったものです。

犯罪の質が凶悪化する昨今、悪を取り締まる現場には、どんな危険が待っているか分かりません。

そんな中の一員として、求められる務めを果たしたことに、ドッグトレーナーとしての誇りを感じる一方で、自分が手塩にかけて育てた子供の「親」として、無事であったことへの安堵《あんど》の気持ちでいっぱいになったのです。

県警での用事を終えた私は、厩舎の近くにある警察犬のトレーニング場に足を延ばしてみました。

そこでは訓練に励む数頭のシェパードたちに紛れて、すっかり逞《たくま》しく成長したハヤテの姿もありました。

訓練士が投げるボールに、いち早く反応して耳を後ろにそらせながら先頭を走るハヤテの姿は、若犬のころと何ひとつ変わりません。

「おまえなら、きっとやってくれると思ってたよ」

そう、心の中でつぶやいて、私はトレーニング場を後にしたのです。

# 6

# 命を懸けて立ち向かう制圧犬

「アタック！」という指令ひとつで、拳銃を持った凶悪犯が潜む部屋に飛び込んでいくほどの忠誠心を持った警察官は、まずいないでしょう。

それはもちろん、指令を出す方にしても同じことです。

たとえそこに人質がとられており、一刻も早い事件解決が望まれる現場であっても、狂ったライオンの檻《おり》にあえて羊を入れるような真似はできません。

しかし、そんな凶悪犯と向かい合う現場の片隅で爪を研ぎ、その指令が出るのをじっと待っている犬たちがいるのです。

*

白昼の住宅街に響きわたった2発の銃声——。

容疑者である暴力団組員の男が近隣のコンビニエンスストア前の路上で、同じ組に所属する男を殺害した後、事件現場の近くの都営アパートに立てこもった事件。

記憶にある方も少なくないと思います。

幸いにして人質はなく、近隣の人々は半径約250メートル以上の場所に緊急避難して、さしあたり住民の身の危険は回避できました。

ところが、男が立てこもりを始めてから30分後のこと。

アパートを包囲していた警察車両に向かって数度に及ぶ発砲が行われたのです。

パトカーやアパート前の公園の公衆トイレの壁など、全8カ所にわたって銃弾が乱れ飛び、現場は騒然となりました。

「この乱射は常軌を逸している。立てこもっている男は狂っている……」

住民を避難させ、ひとまず胸をなでおろしていた警察官たちに、再び緊張が走ります。

上空には事件の様子を報道するマスコミのヘリコプターが旋回し、現場はそれまで以上に物々しい空気に包まれました。

緊迫の度合いが高まるにつれて、現場周辺にはさらに多くの警察官たちが配備されていきます。

テレビニュースの映像には一切映っていませんでしたが、実はそんな一員の中に、私が育てた「制圧犬」の姿があったのです。

＊

制圧犬の使命は、犯人を追いつめて逃がさぬよう、体を張って「襲撃」を行うこと。まさに命を懸けて「働く犬」です。それだけに訓練を行う際にも、事前に「制圧犬になり得る犬であるか否か」という見極めが大事になります。

それは警察犬としての総合力を問われるもので、血統、作業意欲、明朗快活な稟性《ひんせい》そして高い服従性といった基本性能に加えて、生まれながらの「硬性な気質と大胆性」を持っていること。いわゆるオールマイティに性能の高い犬であることが求められるのです。

精神的な部分が弱い犬では、いざという時、勇敢に立ち向かうことができません。当然のことながら、犬にも感情があり、周りの状況を察して緊張もすれば、恐怖心だって芽生えます。そうした恐怖心に打ち勝ち、平常心をもって現場に臨み、指令があればいつでも飛び出していける強いハートを持っていることが制圧犬の条件です。

*

またそこに介在する犬の使い手、指導手の力量も制圧犬の働きに大きな影響を及ぼします。制圧犬が出動する事件現場というのは、いずれも緊張感がピークに達しているものばかり。そんな現場において、指導手自身の精神状態が安定せず、きちんとしたリーダーシップを発揮できなくては、肝心な局面で犬は不安になってしまいます。

たとえば、私が育てて警察に譲渡した制圧犬の中に、現場に行くと「ウーウー」と唸《うな》り声を上げる犬がいました。

現場を指揮する警察官としてはこれでは困る。犯人に「犬が来ているんだな」と悟られてしまうからです。

本来ならば現場に入った制圧犬は、指導手のもとでおとなしく静止していなくてはいけません。では、その犬が制圧犬として不完全だったのかというと、そうではない。不完全だったのは犬を扱う指導手の方なのです。

犬はやる気満々で、「早く踏み込みたい！」と興奮状態にあります。

そんな犬を平常心に保つのも指導手の役目。そして、いざ、「アタック！」となったら「静」から「動」へスイッチを切り替えるように、犬の気持ちを上手にコントロールしなくてはなりません。

こうしたことは制圧犬に限ったことではなく、「働く犬」全般にいえることです。

盲導犬しかり、聴導犬しかり、介助犬しかり、犬と人間の間に主従関係が築かれ、互いを信頼できる「パートナー」として認め、心を通い合わせていなくては、犬は人間のために正しい働きはしてくれません。

そもそも直轄警察犬の指導手というのは犬の専門家ではありません。

彼らは、たまたま鑑識課という部署の「警察犬係」に配属されただけのこと。犬の管理面においても寝食を犬と共にするわけではなく、担当者が休みの時は代理の人が世話をするという仕組みになっています。

もちろん異動があれば、彼らはリードを手放し、犬に別れを告げていくことはいうまでもありません。

しかし、警察犬の活躍が著しいヨーロッパでは、自分が担当する犬は現役時代から「自分の飼い犬」として接します。

訓練が終われば家に連れて帰り、翌朝はまた一緒に出勤して訓練に励む。そして警察犬を引退したら、自分の家に引き取って家庭犬として飼う。

まさに理想的な関係です。彼らは警察官としての務めを、1頭の犬と向き合うことで社会に貢献し、警察犬の指導手として務めを終える人も少なくありません。

このあたりは、住宅事情や組織規律の違いもあり、ひとえに「ヨーロッパ方式を見習うべき」とはいえませんが、少なくとも犬と人間の絆《きずな》は深まり、仕事に対する成果があがることは間違いないでしょう。

＊

さて、話を立てこもりの事件現場に戻しましょう。

容疑者がアパートに立てこもり、10時間以上が経った午前3時ごろ、現場は突然動き始めました。男が潜む部屋にヘルメット姿の警察官たちが静かに歩み寄り、ドアが開かないように丸太を置きました。

昼間よりも待機する制圧犬の数も増え、周囲には緊迫感が漂っています。

いよいよ襲撃か、それとも待機か……。

リードを持つ指導手の緊張が、犬の体にも伝わっているのか、それとも十数時間という長い待機に痺《しび》れを切らしてしまっているのか、目だけをギラつかせながら荒い息をしている犬もいます。

と、その時、十数回の大きな発射音とともにオレンジ色の閃光《せんこう》が男が潜む部屋の窓ガラスを割りました。

催涙ガス弾を打ち込み、男を燻《いぶ》し出す作戦に出たのです。

「襲撃か！」

犬もその時を待っていました。いや、犬以上に指導手の緊張は並大抵のものではなかったに違いありません。

指導手と共に、待機の姿勢で特殊部隊が突入するのを見守る制圧犬たち。

特殊部隊が突入した時にはすでに、立てこもっていた男は部屋の中で血だらけになって倒れていたといいます。そして男のそばには、2丁の拳銃と未使用の実弾40発が発見されました。

このようにして事件は解決し、待機していた制圧犬の活躍は見送られることとなったのです。

＊

この様子を私は、後日訓練所を訪ねてきた警視庁の現場担当者から聞きました。

そして彼はこう続けたのです。

「いや、犬も行きたがっていたし、私も行かせたくて仕方がありませんでしたよ。でも上からの命令が出なかったのでほんとうに残念でした」と、彼はしきりに悔しがります。

残念だった……そう、まったくその通りなのです。

制圧犬は、待機の姿勢を長く続けるために訓練を受けたわけではありません。彼らの仕事は凶悪犯を追い詰め、事件解決に貢献することにあります。

犬自身も「アタック！」の指令が出るのをきっと心待ちにしていたでしょう。また指導手にしても「出る幕なし」では、いかにも歯がゆかったに違いありません。

しかし私の心には、別の思いがかすめたのです……。

*

時として制圧犬の働きは、犯人の凶弾によって、命を絶つ最悪の形で幕を閉じることもあります。

警察官であれば「殉職」。それは警察という組織で「働く犬」たちは、少なからず覚悟しなくてはならないことです。

もとより私は、そんな組織に対して、人と社会の役に立つ犬をつくり、提供する仕事に携わっているわけですから、「かわいそう」などといった甘い感情を差し挟むつもりは毛頭ありません。

しかし、私自身、ひとりの愛犬家として犬の「運命」ということを考えると、制圧犬の生き方というのは、あまりにも激しく、はかないものに思えてなりません。

同じ犬でも、ある犬は家族とともに暖かな部屋の中で暮らし、その寿命を全うするまで飼い主の愛に満ちた生活を送ります。

当然、そこには命を懸けた勇気や忠誠心など必要なく、犬と飼い主の間には温かな絆を結ぶ「主従関係」があるだけです。事実、そうした犬は私の家庭にもいます。

一方、制圧犬は、果たさねばならない使命を持っている。

人間と社会の安全を自分の身を挺《てい》して守るという、働く犬の中でも最も損な役回りを命懸けで演じなくてはならないのです。

極端な言い方をすれば、「そのために存在する犬」ということがいえます。

同じ警察犬の中でも、万事にわたって優れた犬であるからこそ選ばれ、鍛え抜かれた彼らは、温かな家庭の愛情より、厳寒の事件現場において、「アタック！」のひと言をただじっと待っている……。

こうした人間と犬との「究極の主従関係」が、彼らにとって幸せであるか否かは、正直なところ人間である私には分かりません。

しかし彼らは、いかなる時でも指令ひとつで飛び込んでいくのは間違いありません。

たとえそこが、狂ったライオンの檻の中であっても。

# Ⅲ

# 7

# 世界一すてきな犬のしつけをした少女

それは、ベルギー国内で行われた犬の訓練競技会でのことです。

私はリンク内で行われている犬たちの動きを見て、驚きを隠せずにいました。というのも、そこで競い合っている犬たちはドッグトレーナーに訓練された犬ではなく、みな飼い主が家庭で訓練した犬ばかりで、すべてオーナーハンドラーなのです。

とはいえ、その技量はどの犬を見ても非常に高く、プロの訓練士である私ですら舌を巻く犬も数多くいたほどです。

そんな驚きに輪をかけて、「これはもうお国柄、文化の違いだな」と、完全に脱帽させられたのがひとりの少女がとった行動でした。

＊

年のころは10歳くらいでしょうか。その少女はリンクサイドでシェルティの仔犬を連れて競技会を真剣に見入っていました。

その仔犬は先ほどからずっと、少女の足元で伏せの姿勢を保ちながらおとなしくしてい

ます。仔犬にしても、まだ2、3カ月といったところ。いろんなことに興味いっぱいで、なかなか落ち着かせるのは難しい時期です。

そんな姿を見ただけでも私は、「これがヨーロッパなのだな」と、すでに感心しきり。ところがそれは序の口だったのです。

リンク内で行われていた競技に、会場がちょっとしたざわめきを見せた時、その仔犬はそのざわめきに反応してスクッと立ち上がったのです。

するとと少女はためらいもなくその仔犬を仰向けにひっくり返し、のど輪下あごの部分を両手で地面に押さえつけました。

少女は仔犬に向かってひと言、「アフ（伏せ）」と言って十数秒間、押さえ込み、その後何事もなかったように仔犬を伏せの状態に戻して競技会の方に目を移しました。

＊

さて、もしこの少女がとった行動を日本人社会の集まりの中で行ったとしたら、周りの人たちはどんな反応を示すでしょう。

「まだ仔犬なんだから、そこまで手厳しくする必要はないじゃない」とか、

「子供のくせにずいぶん乱暴なことをする子だな」とか、

おおむね否定的に見る人が多いのではないでしょうか。

ここが日本とヨーロッパでの、犬に対する接し方の根本的な違いです。

「仔犬なんだからいいじゃない」ではなく、仔犬であろうが赤ちゃんであろうが、犬にはきちんと一線を引いてしつけをしなくてはならない。

それがヨーロッパにおける、犬と人間の関係です。

少女が取った行動は、まさに母犬が仔犬をしつける時のものと同じ。

母犬にじゃれてまとわりつき、勢いあまって咬《か》もうものなら母犬は仔犬を引っくり返してのど輪をくわえ込みねじ伏せます。こうすることで、「咬んではいけない」ということを教育するのです。

犬が腹部をさらけ出すのは服従を示す行動です。それを強制的に行って、急所であるのど輪をくわえ込んで地面に押しつける。こうすることで、上位のものが下位のものに対する服従性を育《はぐく》んでいくのです。

ヨーロッパでは、こうした「母犬教育」を飼い主が代わって行います。またそれは、犬を飼う家庭においては親が子供にしつける教育の一環になっているのです。

それにしてもベルギーで見た少女の犬の御《ぎょ》し方はあまりにも見事でした。まさにヨーロ

ッパの犬文化の程度の高さを意外なところで垣間見て《かいまみ》、私は感動すら覚えたほどです。

だからこそ、ヨーロッパにはプロの職業訓練士と呼ばれる人はほとんどいません。

そもそも、犬のしつけにお金を払うことなどナンセンス。他人の手を借りずとも、自分の「子供」のことは自分の家庭の中でしつけていく習慣が古くから根づいているのです。

＊

一方、アメリカにおける犬と人間の関係はヨーロッパとは少し違うようです。

特に都市に暮らす人の場合、犬はまずドッグトレーナーに預けられ、そこで基本的なしつけを身につけ、その上で家庭に引き取られるというケースも日本同様あるようです。

これには、アメリカは訴訟国家であるという背景があり、犬を飼うことひとつとっても、慎重にならざるを得ないという事情があります。

咬みつく、吠える、といったことによって、肉体的あるいは精神的苦痛を受けた時、アメリカでは多くの場合、訴訟に発展していきます。事実そうしたことで財産をすべて持っていかれた愛犬家もいるほどです。

つまり彼らにとっては、「未完成な犬」を迎え入れることは、生活をも脅かす大きなリスクになるという考え方が根づいているのです。

そのためアメリカにおけるドッグトレーナーの数はきわめて多く、「ドッグ・ビジネス」の市場で動くお金も莫大なものがあるといわれています。

とはいえ、これは必ずしも悪いことではありません。

確かに一番手のかかる社会化期の「育児の放棄」といってしまえばそれまでですが、少なくとも犬を飼うことで「人に迷惑をかけたくない」という気持ちがあるわけですから、それもひとつのお国事情に伴った「愛のカタチ」ということがいえるでしょう。

＊

そして日本の場合はいい意味でいうと、犬に対して百パーセントの愛情を注ぐ国。逆にきつい言い方をするなら、犬と人間の関係が非常に甘くて緩い国といえます。

そしてそれは、意外なところに意外な影を落としているのです。

日本の動物病院の獣医師たちの手を見ると、多くの人が傷をつくっています。それはほとんどが、診察に来た犬に咬みつかれたものなのです。

診察中に注射を打とうとして咬みつかれた。あるいは歯の具合を見ている最中に咬みつかれたなどケースはさまざまあるようですが、誰しも一度や二度はそうした経験をしています。

もしこれがアメリカであったなら、医師は激怒し、「いったいあなたは、犬にどんなしつけをしているんだ！」と、その飼い主を相手取って即刻訴訟を起こすことは間違いないでしょう。

「動物病院の獣医師が、患者である犬に咬みつかれたといって訴訟を起こすなんて、いくらなんでも大げさすぎる！」と思うのではないでしょうか。

事実、こうしたケースで日本の動物病院の獣医師が訴訟を起こしたというケースは、これまでのところ私も耳にしたことはありません。

つまり、「お客さん」である犬と飼い主に対しては「文句が言えない」、あるいは「よくあること」として済ませてしまっているのが今の日本の実情でしょう。

しかし、こうしたところに日本の犬の「しつけ事情」の本質があると私は思うのです。そしてそれは、改めなくてはならないことだとも思っています。

いかなる状況であったとしても、人を咬むということは、飼い主の責任において防がなくてはなりません。

それは動物病院の獣医師であろうが、一般の人であろうが同じこと。やってはならないことは責任を持ってしつけることが犬を飼う上での大前提なのです。

また犬と散歩をしていて、犬に引っ張られながら歩いている人を見かけますが、これはもう正しいしつけができていない決定的な証《あか》しです。

日ごろは部屋の中で飼っているので、散歩に出たときくらいは好き勝手に行動させてあげたい……確かにそんな気持ちは理解できなくもありません。

しかし、犬というのは本来、きちんとした主従関係が築かれていた方が安心できる動物です。自分は誰に従っていけばいいのか、また自分の居場所はどこにあるのか、そうしたことを明確にしてあげないと、犬の情緒はかえって不安定になります。

逆に、「この人について行けば大丈夫」、「この人が自分のことを必ず守ってくれる」という気持ちを持てれば、犬は安心して暮らすことができます。

またそこには、飼い主に対する「尊敬」があり、尊敬できるからこそ飼い主のいうことに耳を傾け、無駄に吠えたりせず、ましてや、人に咬みつくことなどもない。犬はどんな時でも落ち着いていられるのです。

犬のしつけは、それが基本です。

＊

ところが日本の「しつけ事情」は多くの場合、この基本の部分がいささか甘く考えられているように思えてなりません。

その結果、不幸になるのは犬なのです。

ここ最近、犬の立ち入りが禁止されている公園が増えています。立ち入りはできても、ほとんどの公園ではリードを外すことは厳禁です。

またどれだけしつけの行き届いた犬であっても、一般道をノーリードで歩かせていればおおむね、「常識はずれ」と見られるのではないでしょうか。

なぜなら、犬が公共の場に立ち入れば、「必ず何らかのトラブルを引き起こすから」という考えを持つ人がいるからです。

しかし、そうした人を一概に責めるわけにはいきません。

人に向かって吠え立てる、咬みつく、あるいは糞《ふん》を持ち帰らないなど、犬を疎外する理由はさまざまでしょう。

とはいえ、事実、そうしたトラブルが後を絶たないからこそ、そうした規制が生まれてくるのです。その事実をまず、愛犬家の方が心に留めるべきでしょう。

いずれにせよ、犬には罪はありません。

きちんとしたしつけを行わない、あるいはルールを守らない、そうした飼い主がいる以

Embraces
OLD FRIENDS IN BETTER TIMES

上、残念ながらこれからも犬の居場所はどんどん少なくなってしまいます。

＊

ベルギーの街中には、とても日本では考えられないような光景がありました。

街のあちらこちらを、大型犬がノーリードで飼い主の後をくっついて歩いています。

それは、バスに乗っても電車に乗っても同じこと。犬は飼い主の足元にピタリとくっついて伏せています。

また、そんな様子を珍しがる人は誰もいません。

感心して眺めている私に、隣に座った紳士が、「そんなこと、ここでは当たり前ですよ」とばかりに微笑《ほほえ》みかけてきます。

正しい「しつけ」が、犬に自由を与えている――。

そんなことをあらためて実感した、ベルギーでの一日でした。

# 8

# 主人を失った居候犬の悲しい運命

「先生、またです！」

朝6時。訓練所に顔を見せた私に、若い訓練生が急き込《せ》んでそう告げました。

「また？　……で、今度の犬は？」

「コーギーの仔犬です」

困り果てた様子の訓練生と共に犬舎に向かうと、そこには見慣れない雌のコーギーがちょこんとすわっていました。

見た目には1歳足らずでしょうか。完全な栄養失調で、その体はほとんど手入れもされておらず、緊張からか、身ぶるいするその全身からアンダーコート（下毛）が「フワリ」と浮いていました。

そして何より印象的だったのが、1歳足らずの仔犬にしては一生分の嫌なことを見てきたような生気のない眼差しです。

訓練生の話によれば、朝の掃除をしようと訓練所を出たところ、駐車場のフェンスにく

くりつけられていたということです。

もちろん手紙の類などはありません。おそらく、ここが犬の訓練所であることを知っている何者かが置いていった犬に違いありません。

「保健所に連れていくには忍びない。しかし、これ以上飼うこともできない。ここなら犬もたくさんいることだし、きっと誰かが面倒を見てくれるだろう……」

おおかたそんなところでしょう。

私はこうしたことが起こるたびに、わが子同然に犬を育てる者の一人として、残念な気持ちでいっぱいになります。

愛犬を避暑地の山奥に連れていって置き去りにするというのも問題ですが、人の善意をあてにして事情も告げずに愛犬の命を他人に託すというのは、犬たちにとってあまりにも残酷なことではないだろうかと……。

＊

ひところ、「赤ちゃんポスト」が話題になったのを覚えている人も少なくないでしょう。

その是非について、私は意見する立場にはありませんのでここで記すことはひかえますが、あるニュースを見て「なるほどな」と思ったことがひとつあります。

一度は自分の赤ちゃんをポストに置き去りにした母親が、「やはり自分の手で育てたい」と言って泣きながら引き取りにくることがままあるというのです。

おそらくその母親は、自分の血を分けた小さな命を「見捨てた」ことに大きな自責の念を持ったのでしょう。

毎日毎日苦しみもがいたのかもしれません。またそれは、生きている以上一生背負っていかなくてはならない「重い十字架」であることを知ったのかもしれません。

そのつらさに耐えかねてなのか、命の絆《きずな》の強さを悟ってのことかは分かりませんが、「やっぱり、手放すことはできない」という決断を下し、戻ってきたのです。

そもそもの行為自体は決して許されるべきものとは思いませんが、根っこのところではまっとうな神経の持ち主だったのだろうと思います。

しかし犬と人の間には、血のつながりはありません。

そして一度置き去りにされた犬たちのもとに、飼い主が戻ってくることはまずない。

背負うべき十字架も、重くはないのです。

＊

訓練所のフェンスにくくりつけられていたコーギーの仔犬は、手を伸ばした私を見上げ

るでもなく怯《おび》えるでもなく、遠い目をしています。

そしてその日はまるでこう語っているようでした。

「またこれから、どんなひどい目に遭うの？……」

＊

私の訓練所に犬が置き去りにされるのは、そうしたケースばかりではありません。

とりもなおさず、訓練所では一般の愛犬家の方たちから犬を預かって、競技会への出場スキルを身につけたり、しつけをし直したりするサポートも広く行っています。

むしろここ数年は、折からの犬ブームもあって、家庭犬のしつけの需要がとても大きくなり、さまざまな問題を抱えた犬とその飼い主たちが訓練所を訪れます。

ところがこうした中に、常識では考えられないような人たちがいるのです。

それは、社会的にも名声の高い、ある女性のことです。

彼女は中学生の男の子と女の子を抱えるシングルマザーで、忙しくて日ごろ接する機会の少ない子供たちにせがまれて、家庭で犬を飼おうということになったといいます。

まぁ、そこまではよくある話ですが、なんと彼女は、いきなり２頭の犬を子供たちに買い与えたのです。

1頭は女の子が「欲しい」といったアメリカンコッカースパニエル。そしてもう1頭は男の子が「これがいい」といったラブラドールレトリーバー。

それまで犬を飼った経験もないのに、いきなり性格も育て方もまったく違う犬を飼うことになってしまったのです。

さて、それからというもの――。

そもそも彼女自身が忙しくて家を空《あ》けがちだから、子供たちの相手になる犬が欲しい。いうなれば、留守中に子供が寂しがらないよう〝おもちゃ〟を与える感覚で飼った犬だったため、当然しつけのことなど頭にありません。

私が彼女と初めて会った時、彼女は、「犬って、ペットショップでしつけられているものと思っていました」といっていたほどです。

そうした飼い主と接している犬たちですから、当然2頭ともなかなか言うことを聞いてはくれません。それはもう、犬の天下でわがままのし放題。

それでも気質の穏やかなラブラドールはまだ良かったのですが、アメリカンコッカースパニエルの方がどうにもならない。

吠えるわ咬みつくわで、これはもう手に負えないということで、家族3人、犬2頭で私の訓練所を訪ねてきたという次第です。

*

いささか横道にそれますが、犬のしつけについて少々……。

よく誤解される方も多いのですが、そもそもドッグトレーナーの仕事というのは、犬にあれこれ教え込んで「はい、終わり」というものではありません。

私たち専門家は、犬を訓練する技術を持っています。だからこそ、どんな犬でもある程度の時間をかければ手なずけることができ、問題のあった素行を矯正することができるのです。

しかしそれは、犬と訓練士の間に築かれた主従関係であって、飼い主との関係は何も改善されていません。これではまったく意味がない。

犬を迎えにきた飼い主の前で、訓練士がどれだけ上手に手なずけたとしても、家に帰ればまた言うことを聞かない犬に逆戻りです。

つまり犬をきちんとしつけて健全なかかわり合いを持つためには、むしろ人間がいかに犬と接するかを学ぶ方が重要です。

そんなこともあって私の訓練所では犬を預かり、面会時には必ず飼い主と一緒に訓練を行うようにしています。

ひとたびわがままが身についてしまった犬をしつけ直すためには、時間も必要とすれば、手間だってかかることをきちんと理解して、辛抱強く犬と向き合うことを分かっていただかなくてはなりません。

そうした言葉に、彼女の家族も一度は大きくうなずいたのです。

ところがすぐに足は遠のき、いよいよ2頭の犬を預かる費用すらも振り込まれなくなっていったのです。

それからというものは、電話をしてもつながらない。なしのつぶてというお粗末です。もちろん預かっていた2頭の犬を連れて、彼女の家まで返しにいくこともできました。しかし、「これまでお預かりした管理費用は結構ですので、犬を引き取ってください」と言って引き渡したとしても、それ以降彼女たちがきちんと面倒を見ていけるとは思えません。

その後の犬たちの運命は分かりきったこと。それならいっそ、私のところに置いて管理した方がいいだろうと思い、2頭の犬をここに置くことに決めたのです。

＊

ところがそうした犬たちは、先のコーギーのように若い犬は少なく、おおむね中途半端に歳を取っているため、「使役犬」として再育成することができない犬がほとんどです。いうなれば彼らは完全な〝居候《いそうろう》〟。

特別にこれといった目的や使命を与えられて訓練を受けることもなく、ここで多くの犬たちが訓練に励むのを横目で見ながら淡々と余生を過ごしていくのです。

しかしそれは、居候犬たちにとって決して幸せなことではありません。

これまでにもたびたび記してきましたが、犬というのは本来、人間との主従関係が正し

く築かれた中で、自分の順位や立場がはっきりしていてこそ、安心して生活ができるものなのです。

　ところが彼らには、敬《うやま》い、頼るべき「主人」がいません。

　当然、訓練所にいる以上、生きる上で必要な食事に事欠くことはありません。しかし、犬にとって自分の主人、いわゆるリーダーをなくすということは、生きていく指針を失うのと同じことなのです。

　また、犬は「自分のために生きる」という発想を持ちません。むしろ、「誰のために、何をすればいいのか」そう考えながら生きることが犬にとっての幸せなのですから、その対象である主人をなくすということは、生きる目的を失うことなのです。

＊

ヨーロッパでは路上生活者の多くが犬を飼っているといいます。

快適な寝床や衛生面においてはさまざまな問題があろうかと思いますが、彼らと生活している犬たちはとても穏やかで聞き分けが良いということです。

そもそも犬は、「贅沢《ぜいたく》な暮らしをして、いいものを食べたい」などと考えることはありません。

「お金持ちの有名人に飼われたい」とか、「貧しい家庭は嫌」などと、飼い主を色眼鏡《いろめがね》で見ることはないのです。

犬たちが求めているのはただひとつ。いつも身近なところにご主人がいて、そのご主人に可愛がってもらいたいという思いだけです。

＊

飼い主に置き去りにされ、遠い目をしていたコーギーは、あの後「聴導犬」になるべく訓練を行い、現在は新しい飼い主の耳となって音を聞き分け、自分に与えられた使命を一生懸命果たしています。

一方、例のシングルマザーが置き去りにしたラブラドールレトリーバーは、あるボランティア団体に引き取られ、デモンストレーション犬として新しい道を歩き始めました。

そしてもう1頭のアメリカンコッカースパニエルは……。

結局引き取り手がないままに、つい先だって訓練所の片隅で「居候犬」としての命に幕を下ろしました。

人間は自由に犬を選ぶことができます。しかし犬は自分の主人となる人間を選ぶことができません。

こうした関係の中で、常に弱者である犬を思いやるというのは、きれいな洋服を着せることでもなく、寝心地のよいベッドを用意することでもありません。

それは、「いつまでも飼い主であり続ける」という、実にシンプルなことなのです。

# Ⅳ

# 9

# 懸命に仕事をする盲導犬の生きがい

いろいろなことがどんどん便利になる一方で、働く人のほとんどがなんらかのストレスを抱えているといわれる現代、それはさまざまにカタチを変えて人間の心と体を蝕《むしば》んでいきます。しかしストレスを抱えているのは、なにも人間だけではありません。

社会に出て人間をサポートしながら働く犬たちも、実は大きなストレスに悩んでいるのです。

*

私がその光景を目にしたのは、都心に向かう電車でのことでした。

「わぁ、犬だ。可愛い！」

昼下がり、人もまばらな車内に小さな声が上がりました。

電車に乗り込んできた母娘が盲導犬を連れた人の向かいに座り、おとなしく通路に伏せているラブラドールレトリーバーをしげしげと興味深げに眺《なが》めています。

「ほんと、おとなしいワンちゃんねぇ。あなたもあのワンちゃんを見習って電車の中では

お行儀よくしてなくちゃダメよ」

しかし親子の視線を感じ続けた盲導犬は、なんとなく居心地の悪そうな面持ちで顔をそむけてしまいます。

と、その時、おもむろに立ち上がった女の子が盲導犬のそばにしゃがみ込み、頭をなで始めたのです。

「いい子、いい子、いい子ねぇ」

女の子に触れられた瞬間、犬はサッと身をかたくしました。またそんな犬の動揺が使用者にもハーネスを通して伝わったのが分かります。

ところが女の子の母親は、自分の子供のしていることが犬にとってどれほどの不愉快を与えているかを知りません。

「ダメよ」と口ではいうものの、積極的に女の子が犬に触れることを止めようとはせず、むしろその様子を微笑んで見守っているのです。

そこで意を決した盲導犬の使用者が、女の子に向かってこう言いました。

「ごめんね。今ワンちゃんはお仕事中だから触らないでね。ワンちゃんはあんまり触られると疲れちゃうの」と。

女の子は驚いて犬の頭から手を離し、無言で母親のもとに引き返していきます。そしてそこには、さっきまでの優しい笑顔から一変して、ありありと非難の色を浮かべた母親の顔が、盲導犬とその使用者に向けられていたのです。

「よくあることです。でもそれはまだいい方なんですよ」

別の盲導犬使用者の方はそう言います。

一度は、まったく同じ状況で母親から、「子供のやることなんだから、少しくらいいいじゃない！」とはっきり言われたことがあるといいます。

またある時などは、立て込み始めた電車のドアの脇に立っていたら、携帯電話で話しながら飛び込んできた若い女性に盲導犬が足を踏まれて小さく鳴き声を上げてしまいました。それに驚かれ、「こんなところに犬なんか連れ込まないでよ！」と逆に罵声《ばせい》を浴びせられたこともあるといいます。

いずれにしても、社会に出て人のために働く犬の市民権は、まだまだあってないようなもの。

そんな状況に出合うたび、不自由を抱える人は心を痛め、その不自由をサポートし社会参加を実現させてくれる犬たちは、ストレスが溜《た》まっているのです。

盲導犬や聴導犬、さらには介助犬など、法律で社会参加が認められた犬たちは、その活動範囲が大きく広がり、以前に比べて圧倒的に社会的な差別を受けなくなったことは確かです。

しかし、活動範囲が広がってどこでも自由に出入りできるようになるということは、それだけ人目に触れる機会が多くなるということでもあります。

こうした中で、私たち健常者が心しなくてはならないことは、不自由を抱える人への心配りはもちろんのこと、それをサポートする犬たちへの正しい接し方にほかなりません。

街中や、まして電車やバスという本来なら犬と出会うはずもない場所において、盲導犬や聴導犬を見掛ければ、誰だって「あっ、犬がいるよ！」と驚くのは当然のことだと思います。

さらにその犬が、飼い主の足元におとなしく伏せている姿を見れば、そのけな気さに心を打たれる人も少なくないでしょう。

しかし、ぜひご理解いただきたいのは、彼らは「仕事中」だということです。

体に不自由を抱える人の目となり耳となり、その人が安全に目的地に着けるよう、そして周りの人たちに迷惑をかけないようにしていることが、彼らの果たす使命なのです。

それは常に神経を集中させていなければなりませんし、大きな体を小さくしておとなしくしていなくてはならない。それだけでも犬にとってはとても疲れることです。

そんな時に、じっと見つめられたり、頭や体を触られたり、口笛を吹いて気を逸《そ》らされたりしては、彼らの心は大きく乱れ、安心して働くことができません。

＊

私自身、こんな経験をしたことがあります。

警察署から要請を受けて、警察犬を連れて夜の繁華街の防犯パトロールに参加した時のことです。

体が大きく、見るからに力強そうなシェパードには、さすがに近寄ろうとする人はいません。

ところが信号待ちをしていた時、1人のおばさんが近寄ってきて、「これ、警察犬ですか？　ちょっと触ってもいいですか？」と尋ねてきたのです。

内心「困ったなぁ……」という思いはありましたが、警察犬を連れた防犯パトロールというのはデモンストレーションの要素もあってむげに断るわけにもいきません。

「どうぞ」と言った途端、そのおばさんはしゃがみ込んで犬を撫《な》で回し始めました。

私は、「これはまずいな」と思いました。というのも、しゃがみ込めばシェパードと同じ目線になります。犬と人間は、同じ目線で接するべきではありません。

特にシェパードのような警戒心を強く持った犬の場合、目線と目線が合う位置関係は「対決」を意味します。

もちろんそこは長年訓練を受けた犬だけに、吠《ほ》えたり飛び掛かったりすることは絶対にありません。

しかし、本来ならば対決すべき体勢にありながらもその本能を押し殺して、知らない人にあちらこちらを撫で回されながらじっとしていなくてはならない。

犬にとってはこれほどの苦痛はありません。

結果、そのシェパードはどうしたか。

私に向かって猛烈な勢いで抱きついてきたのです。シェパードは混乱した気持ちを我慢しきれず、「助けて！」と私のもとに逃げてきたのです。

ところがそのおばさんは、「あらあら、やっぱりお父さんの方がいいのね」と笑いながら信号が変わった横断歩道を渡って行ってしまいました。

私はこのおばさんのことを悪く言うつもりはまったくありません。むしろ警察犬のシェパードに近寄って、頭を撫でたり体をさすったりできる人というのは、相当な愛犬家なのだろうと思います。

ただ、「危険だな」と思うのです。

私が連れていたシェパードは警察犬としての特別な訓練を受けた犬です。また電車の中で見かけたラブラドールレトリーバーの盲導犬もしかり。どんなことがあっても吠えたり咬《か》みついたりすることはありません。

でも、これが一般の家庭犬であったらどうでしょう。

犬の方が、「嫌だな」と思った瞬間に、吠えたり、咬みついたりすることは十分に考えられることです。

またそうしたことで、犬が「犯罪者」となってしまう事件が、日本中のあちらこちらで起こっているではありませんか。

もちろんそこには、飼い主のしつけの問題も大きくかかわってくるのは事実です。しかし犬のこうした行動は、ストレスによるものということを犬に接する人の方も理解している必要があるのです。

そもそも犬というのは、盲導犬や聴導犬に限らず、どんな犬であっても見知らぬ人に無闇やたらと触られることを好みません。

「いや、ウチの犬はそんなことはありませんよ。お散歩中に誰がどれだけ触ってもうれしそうに応じるし、むしろかまってもらうのが好きなくらい」

そんなふうにいう飼い主さんもきっと多いと思います。

しかし、長年犬と共に暮らし、これまでに１０００頭以上の犬とかかわってきた私の見方は違います。

「いい子いい子」と触られて喜ぶのは人間の子供だけです。同じ尺度で犬と接することは、犬の精神衛生上決していいことではない。

これは犬と向き合う場合に、人間が知っていなくてはならない基本です。

＊

人のために尽くす犬たちは、社会に出て働くための訓練を受けることで苦痛を自分の中にしまい込む術《すべ》を身につけています。ひいてはそれがストレスとなってしまうのです。

でも彼らには人間のように愚痴をいったりお酒を飲んだりして、溜《た》まったストレスを発散させる機会は与えられていません。

しばしば苦痛を感じながらも、ただひたすらに人間のために尽くし、不自由を抱える人の社会参加に役立ち、また市民の暮らしを守るための社会貢献を行うことで、心の充足感を得ているのです。

しかし、その代償はとても大きなものになる……。

一般の家庭犬に比べて、「働く犬」の寿命は短いといわれています。

いうなれば彼らは、「命を削って、私たち人間に尽くしてくれている」ということがいえるでしょう。

街で彼らを見掛けた時は、長い間見つめたり、話し掛けたり、触ったりすることは犬にとってセクハラ同然の行為、と考えその働きを一切無視してあげることが何よりなのです。心の中だけで「えらいね」と褒めてあげてください。

それだけで彼らは十分満足。そしてそれが、犬に対するほんとうの愛情なのだとご理解いただきたいと思うのです。

Coca-Cola

CONVERSE

# 10 誰も知らない飼い主の意外な心理

「犬を飼いたい」と考える時、犬を選ぶ基準というのは、自分のライフスタイルが大きな決め手となります。

ひとつには住宅事情ということがあるでしょう。

「ほんとうは大型犬が飼いたいけれど、ウチはマンションだから中型犬以上は飼えないの」

こうした話はよく耳にすることです。

またそれは、飼い主自身の趣味や普段の暮らしぶりといったことでもずいぶん違いが出てきます。

お休みともなれば山や川に繰り出して、アウトドアライフ三昧《ざんまい》というご家族ならば、兎《うさぎ》追いの猟犬ビーグルや牛や羊を追うことを目的として繁殖されたコーギーといった活動的な犬を選ぶ方が多いでしょう。

また逆に、女性のひとり暮らしという場合には、マルチーズやシーズーといったおとな

しい室内犬が多いのではないでしょうか。

ひとえに「犬」とはいってもその個性はさまざまで、またそれを選ぶ人の基準もいろいろです。

犬と人の関係を注意深く見てみると、そこには、そのご家庭や飼い主の素顔までもが見えてくるものなのです。

＊

こうした中、ある〝力〟を持つ人たちに着目すると、おおむねその力や立場に相応《ふさわ》しい犬を飼うことが多いようです。

そんな事実を物語る面白いエピソードをいくつかご紹介しましょう。

これは警察の方から聞いた話ですが、暴力団関係者の人たちは、決してシェパードを飼わないといいます。

勘のいい方ならすぐに分かると思いますが、日本においてシェパードは「警察犬」の代名詞となっている犬。いかに従順さと力強さを兼ね備えた犬とはいえ、日ごろからそんな犬が四六時中そばにいて目を光らせていては、寝覚めもいいはずがありません。

その代わり彼らは、秋田犬など日本の犬の中でも一番大きくて力強い犬を好んで飼う人が多いというのです。

この話を聞いた時、私は「なるほどねぇ」といって思わず笑ってしまいましたが、これは非常に分かりやすい、ある種の「力」を持つ人々の犬の選び方といえるのではないでしょうか。

また違った意味での「力の誇示」ということでいうと、かつて私のところに犬の訓練を依頼しに訪れたプロレスラーの方々にも、ある種共通した傾向があります。

彼らが連れてきた犬は、アメリカンピットブルという闘争本能に溢《あふ》れた犬ばかり。

体を張って相手を打ち負かすことを仕事としている彼らにとって、犬はどうやら単なる癒しのペットではないようです。犬と触れ合いながらも、常に緊張感を保つことのできる危険な〝相棒〟でなくてはならないのでしょう。

これなどもまさに、彼らが強さの象徴として、自分の側《そば》に置きたい犬を選んでいることがよく分かる一例といえるでしょう。

いずれにしても、「力を誇示したい」とか、いつでも「強さをまとっていたい」という人は、自分の気持ちが満たされて、有無も言わせず人を納得させるような強い犬選びをするものです。

そして、そうした犬を服従させることに、犬を飼うことの大きな満足感を見いだしていることはどうやら間違いなさそうです。

＊

さて、こうした犬と人の間にある「力学」を最も如実に表していたのが、ドイツ第三帝国の支配者アドルフ・ヒトラーでした。

「20世紀最大の悪人」として知られるヒトラー。

彼についてはさまざまな説があり、多くの歴史家たちがその素顔に迫るべく、今なお研究が続けられているといいます。

私は、ヒトラーの研究家ではありませんし、彼の政治的な思想やカリスマ性などといったことにはまったく関心がありません。

ただ唯一、ヒトラーは「大変な愛犬家」であったということに興味を持ったのです。

愛犬家としてのヒトラーの名が知られるようになったのは、「ブロンディー」という名のジャーマンシェパードの存在です。

ヒトラーは、さまざまな場面でこのブロンディーを連れて、国民の前に姿を見せたといいます。そして当然ながら、帝国全盛時、ブロンディーはドイツで最も有名な犬でもありました。

このころのヒトラーにとってジャーマンシェパードという犬は、まさに「権力の象徴」でした。事実、ジャーマンシェパードは、優秀な牧羊犬をつくるため、ドイツ人ブリーダーの試行錯誤によってさまざまな犬種を交雑してつくられた、「誇り高きドイツ人の、誇り高き犬」なのです。

その能力はきわめて優れており、闘争・警戒本能を備え、雨にも雪にも、そして炎天下の中にあってもへこたれない全天候型。牧羊犬ばかりでなく警察犬など、実にさまざまな

仕事をこなす作業能力の高い使役犬です。
　こうした作業能力に目をつけたドイツ人は、ジャーマンシェパードを戦争にも参加させました。「軍用犬」としての使命を担ったジャーマンシェパードは、戦地においては時に番犬の役割を果たし、またある時は敵兵士の逃亡を追跡するなど、万事にわたっての大活躍だったといいます。
　まさにそれは、ヒトラーに仕える「陰の兵士」だったのです。
　そんなジャーマンシェパードの中でも選《え》りすぐりの血統を持つブロンディーのことを、

全能のシンボルとしてヒトラーが寵愛《ちょうあい》したことは大いに納得がいくところです。

当時の写真やニュース映画などには、ブロンディーと一緒にたわむれるヒトラーの姿を見ることができます。

そんな「愛犬家」としての姿を国民に見せることで、「心ある指導者」としての刷り込みを行っていたのでは、という見方をする研究者もいるようです。

そのあたりのことについての真意は知るよしもありませんが、少なくともジャーマンシェパードという犬の特性を知る私には、ヒトラーのブロンディーに対する愛情は本物であったと思います。

なぜならジャーマンシェパードという犬は従順性がきわめて高く、強い忠誠心を持った犬です。

そんな犬だからこそ、思想や行動の善悪は別として、「孤高の独裁者」といわれたヒトラーに、絶対の忠誠心を持って仕えるブロンディーは最高の部下であり、最良のパートナーであったであろうと思えるのです。

ところがこのブロンディーは、なんとヒトラー自身の手によって命を絶たれることとなるのです。

1945年に、もはやドイツの敗戦が確実となった時、ヒトラーはブロンディーを道連れに、ベルリンの地下壕に潜み青酸カリを飲んで死んだのです。

唯一の理解者であり友であった愛犬すら、自分の感情によって道連れにしてしまう強引さ。

ヒトラーという男の罪は、すべてこうした行動に表れているように思えてなりません。

＊

ともあれ、今の日本の愛犬事情に話を戻せば、現在は過去にないほどのペットブームといわれ、さまざまな犬の繁殖が行われ、飼い主の思いに応えるあらゆる犬を選ぶことができるようになりました。

まさにそれは、今の社会において犬が人間にとってひとつのステイタスシンボルである証しです。

かつてのように、犬は犬小屋で寝起きが当たり前。

求めるものも、「番犬にでもなればいい」という発想ではなく、犬を飼うこと自体がその人の思想やライフスタイルを象徴することにもなる。それが今のペット事情なのです。

力を誇示したい。アウトドアライフを満喫した生活を送りたい。犬と触れ合うことで癒

されたいなど、多くの場合、その犬の特徴を観察すれば飼い主の性格や暮らしぶりなどが分かってしまう……まさに「犬は飼い主の鏡」といっても言い過ぎではないでしょう。

とはいえ、犬がステイタスシンボルとなったのは昨今が初めてのことではありません。実は江戸時代にもちょっとした犬ブームがあったのです。

当時の風俗図の中に、遊女が縄をつけて小型洋犬を引いている絵があります。それはまさに愛犬を散歩させる風情で、人間と犬が仲良く絵に描かれたのはこれが初めてのことだということです。

それ以前の犬はまったくの野放しで、むしろ墓場を徘徊《はいかい》する卑しい生き物として扱われていたようです。

ところが、徳川家康が鹿狩りに連れていった大型の洋犬が注目を浴びたことから日本初の犬ブームが巻き起こったのです。

このブームにあおられて、多くの大名たちは外国から輸入された大型の洋犬を競って買い求めたといいます。

大名行列にでもお供させていたのでしょうか、庶民たちは初めて見る西洋の犬に恐れおののいたのでしょう。

ところが、そんな庶民の姿を見た大名たちはかえって自尊心をくすぐられ、西洋の大型犬を飼うことがステイタスシンボルとなっていったというのですから、いつの時代においても犬に力を託す人たちというのは、似たような考え方をするものです。

ところであなたは今、どんな犬を飼っていますか？

そしてその犬に、どんな思いを託しているのでしょう。

# 11

# がんこな訓練犬
# ウンガレの可愛さ

すわり込んだきり、さっきから10分も動かない。

おだててみても、なだめてみても、きつい言葉で命令しても、へそを曲げたこのヤングボーイは微動だにしません。

「やれやれ、ほんとにおまえはがんこ者だな……」

そう言いつつも、私はなぜか笑みをもらしてしまいます。

出来の悪い子ほど可愛い――。常時60頭ほどいる訓練犬の中に、何頭かはそうした子がいます。

もちろんここにいる犬たちは、将来警察犬になったり競技会に出場することを目的として訓練されている犬ばかりですので、どの犬も優れた能力は持っており、文字通りの「出来の悪い子」は1頭もいません。

しかし、訓練士の方が「どうにも扱いにくい」と頭を抱えてしまうようなへそ曲がり、「やればできるのに、なぜ言う通りに動かない！」と、思わず言いたくなるような犬がいるのです。

そんな犬の代表格、それが日ごろから私が「がんこ者のヤングボーイ」と呼んでいるウンガレです。

＊

そもそも優秀な犬は総じて「がんこ者」が多いものです。

自分に自信を持っているから、一度「こう」と決めたら、訓練士が何を言ってもテコでも動かない。自分の思い通りにやる。

案外これは人間にも同じことがいえるのではないでしょうか。

スポーツの世界などでも、ずっと「自分流」のやり方を貫き通して結果を出してきた人は、スランプの時ですらコーチのアドバイスには耳を貸さず、あくまでも自分流を貫き通すと聞きます。

指導者にしてみれば、これほど扱いにくい選手はいないはずです。

しかし、その選手が人一倍優れた才能の持ち主であることを誰もが認めているから、下手な口出しはできない。自分の力で必ず軌道修正してスランプを抜け出してくることを知っているからこそ、周りも辛抱するのです。

もちろん犬の場合は、なんとしてでも訓練士が主導権を持つようしつけていかなくてはなりませんが、がんこ者の扱いにくさといった点においてはこれと似たようなところが大いにあります。

ただひとつ違うのは、人間の場合そうしたタイプの人は、おおむね「憎まれ役」になることが多いということでしょうか。

＊

それにしてもウンガレのがんこさには手を焼きます。

理解力も高いし、運動神経も抜群。性能面だけを考えればきわめて優秀な犬なのです。ところが、生まれ持った気質なのでしょうか。そんな能力を今はまだ出し惜しみしているようなところがあります。

１日の訓練を始めて最初のうちはいいのです。私の出す指示にも実に機敏に反応して、遺憾なく優れた犬の片鱗《へんりん》を垣間見《かいまみ》せてくれます。

ところが訓練を続けていくうちに、次第に自分のモードに入っていく……そうなったらもう手がつけられません。

一切のことに対して、「オレはオレのやり方でやる！」という自我が出てきて私の言うことには耳を貸さず、突如として「オレ流」のウンガレに変身してしまうのです。

しかしここで下手な強制はできません。そんなことでもしようものなら「ウ〜、ワン！」ということにもなるかもしれない。ここはあくまでもウンガレの意思を尊重して、こちらの方が引き下がらなくては収拾がつかないことになってしまいます。

こうした理由のひとつには、ウンガレがこの訓練所に来てさほど時間が経っていないということも大きく関係しているのでしょう。

つまり、私は私で彼の心を探っているし、ウンガレは彼なりに私の心を探っている。ようするに、ウンガレと私の間にはまだ確固たる主従関係が築かれていない証しでもあるのです。

そこにきて人一倍の、いや犬一倍のがんこ者です。

「ここまでは言うことを聞いてあげるけど、これ以上は勘弁してよ。あとは好き勝手にやらせてもらうからさ」

まさしくそんな感じなのです。

もちろんこれは、時間さえかければ解消される問題ですが、長い間犬の訓練に携わってきて、このウンガレほどのがんこ者は出会ったことがありません。とはいえ、そんなところが頼もしくもあるのですが……。

*

彼の生まれ故郷はシェパード誕生の地、ドイツ。

血統的にも純粋なドイツシェパードです。

警察犬として、あるいは世界レベルの競技会において活躍が期待できるシェパードをつくり続けていくためには、ドイツをはじめとしたヨーロッパ各地から血統の優れた犬を選りすぐって購入し、繁殖を行わなくてはなりません。

世界など視野に入れない、というのであれば日本国内にいる犬同士でもかまいませんが、世界レベルで通用する犬をつくろうと思ったら、国内の犬では物足りない。

犬のルックスしかり、骨格構成しかり、ヨーロッパから連れてきた犬というのは、日本の血が混じっている犬とは根本的に違いがあります。

そういった観点からすると、犬の繁殖というのは常に進化していなくてはなりません。血が近くならないようにころ合いを見ては血統ラインを変え、新しい犬をつくっていかなくてはならない。

そしてそのためには、それ相応のお金もかかるし、犬を見る確かな目を持っていなくてはなりません。

私はそのころ、新しい雄種の今までにない血統ラインの違う犬を探していました。

そこでフィンランド人の友人に頼んでいくつかの犬の当たりをつけてもらったのですが、なかなかいい犬との出会いがありません。

結果的にフィンランド人に3度のドイツ出張をしてもらって、「これは！」という犬にようやく巡り合うことができました。それがウンガレです。

いささか余談になりますが、フィンランド人に動いてもらった経費と犬を購入する費用の合計がおよそ数百万円あまり。

たった1頭の犬を手に入れるためにこれだけのお金がかかるのだと思えば、しっかりとした「見る目」を持って選ばなくてはなりません。

＊

「これはヴィコーを超える犬かもしれない！」

ウンガレと初めて会った時の私の印象は、それほど強烈なものでした。

若々しい体の中に漲《みなぎ》る力強さに対する魅力はもちろんのこと、「この犬なら夢を託せる

に違いない」というインスピレーションが私の中に湧《わ》き上がったほどです。

　これまで多くの犬と接してきた中で、「最高の犬だった」と確信している、不運の天才犬ヴィコー。ドイツで見たウンガレの姿は、ヴィコーの持っていた能力とは性質的にまったく違うものでしたが、とてつもない可能性が感じられたものです。

　しかしウンガレのがんこさは、ある程度は最初から覚悟はしていたことでもあったのです。

先に何度かウンガレを見ているフィンランド人から、「ウンガレは確かにいい犬。でも大変な石頭でもある。訓練士の小手先のテクニックだけじゃ思い通りにコントロールすることはできないよ。それでもOK？」という忠告を受けていました。

つまり、あらかじめ一筋縄ではいかない、がんこ者のヤングボーイであることを承知の上で、私はウンガレの魅力に、虜《とりこ》になってしまったということです。

そして来日したウンガレは、フィンランド人の忠告通り見事ながんこぶりを発揮してくれたというわけです。

*

とはいえ、どれだけ優れた犬であろうが、がんこであろうが、訓練以外で接する時はどの犬も同じ。遊んでもらいたくて仕方ないのです。

特にやんちゃ盛りのヤングボーイは、いつでも私の後にくっついて「遊んで、遊んで」と言ってくる。それこそこちらが気を許そうものなら、耳をそり立てて駆け寄り、体全体で喜びを表現します。

こうした姿はもう、可愛い限りです。しかし、私たち訓練士の務めとしては、そこで「よしよし、いい子だ」という姿勢を示すわけにはいきません。

特に頭の固いウンガレのようなタイプの子には、常に毅然《きぜん》とした態度で接し、「おまえはオレに従うんだぞ」という主従関係をきっちり築いていかなくてはならない。そのため他の犬以上に見て見ないフリをすることもあります。

ところがウンガレはそれでもめげない。どれだけ知らんぷりを決め込んでいようが、「ねえ、ねえ」とばかりに、こちらの気を引こうとはしゃぐのです。

このあたりも持ち前のがんこさゆえのことで、こちらが気を許すまでアプローチをやめようとはしません。

こうなったらもう、私とウンガレの我慢比べです。

＊

「一念岩をも通す」などという諺《ことわざ》がある通り、私はがんこ者というのは決して悪いこととは思いません。

特に今の時代、人間社会を見渡しても、人の意見次第であっちに傾きこっちに傾きしている人が少なくありません。

そうした意味では、多少頭が固くて融通がきかなくても、「オレはオレのやり方がある」と言って、その通りの行動ができるというのは思いのほか貴重なパーソナリティーではな

いかと思うのです。

もちろん私のところで訓練に励む犬たちにとっての最終的な目的は、あくまでも人間に対して従属的であることを前提として、人のためや社会のために自分の持っている能力を最大限に発揮することにあります。

ただ、その根底に流れるものは、「やり通す」とか「やり遂げる」といった強い信念のようなものだと思うのです。

そうした意味ではウンガレのがんこさを私が上手にコントロールできるようになれば、実に素晴らしい訓練犬になることは間違いない。強い責任感を持って、どんな困難な仕事でも最後までやり抜く犬になることでしょう。

単なる「イエスマン」に魅力的な人はいません。

多少のがんこ者であったとしても、意地や信念を曲げずに突っ走る人に私は魅力を感じます。そして突き進んだ結果、その道が間違っていたとしたら、そこから軌道修正すればいいだけのこと。

そんな大人に育ってくれるよう、私はこの、どんなにがんこでも憎むことのできないヤングボーイと日々向き合っているのです。

# V

# 12

# 老人に生きる力を与えたセラピー犬の愛

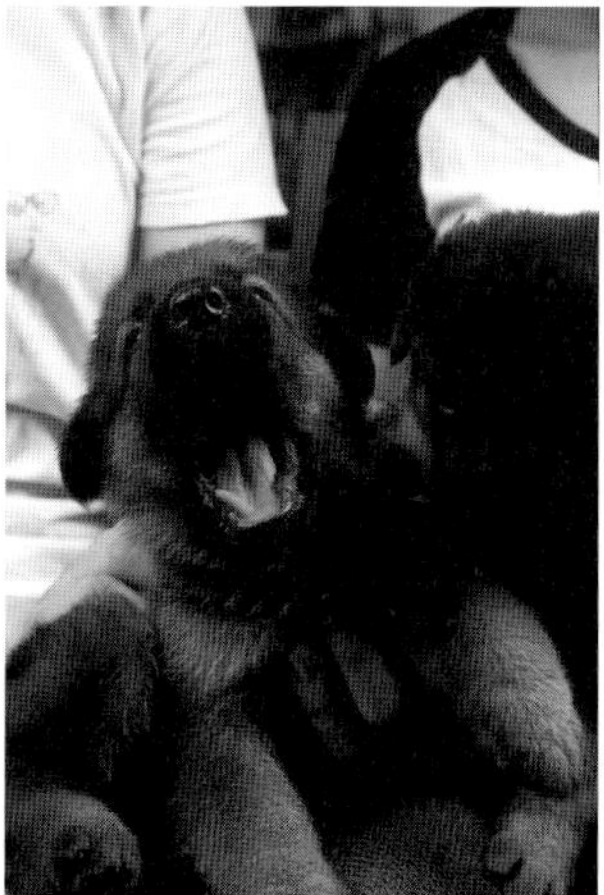

その老人は、施設の中でいつも孤独な時間を過ごしていました。

決して仲間はずれにされているのではなく、人々の輪の中に自分の方から交わろうとしないのです。

時折慰問《いもん》に訪れる歌謡ショーやマジックなどのイベントにも、ほとんど興味を示すことなく、いつでもひとり、部屋にこもってテレビを見ています。

何を見ても、誰と会っても面白くない……。

そんな気持ちを抱えて、老人は動かなくなった右手をゆっくりとさするのでした。

ある日、思わぬ出会いがありました。

その相手は、1頭の仔犬のマルチーズ。

そしてそのマルチーズが動かしたものは、心だけではなかったのです。

これは、私の知り合いのボランティア活動を行う方が、「A・A・A（アニマル・アシステッド・アクティビティ）」という活動の一環で老人介護施設を慰問に訪れた時の話で

す。

＊

老人がこの介護施設に入所したのは、長年連れ添った伴侶を脳溢血で亡くしてからのこと。手の不自由を抱えて、それまで身の回り一切のことを伴侶に頼りきってきた老人にとって、施設への入所はほかに選択の余地のないものでした。

老人はそのころ、今の自分に不甲斐《ふがい》なさを感じていたといいます。

かつては一流の庭師として働き、財界人や政治家の家など多くの庭を手掛けてきたという誇りがあります。

ところが、不慮の事故によって右手の自由を失ってからというもの、人生は下降線を辿るばかり。にもかかわらず何もできずにいる自分に、憤りすら感じていたというのです。

また、入所と同時に開始したリハビリも思うような成果が上がらず、老人の右手はまったく動く気配がありません。

そしていつしか老人は、「いつまでやっても動かないようなリハビリなど必要ない！」と言って投げ出し、次第に心を閉ざしていったのです。

そんな老人と小さな仔犬との出会いが、頑《かたく》なな心を開くきっかけとなるとは、いったい誰が思ったことでしょう。

＊

近年、犬を連れて老人介護施設の慰問を行うボランティアが盛んになってきました。こうした試みは、高齢化社会の中で今後大きく取り入れられるべき活動であり、実際に大きな効果をもたらしています。

孤独なお年寄りや精神的な病に悩む人々が、犬と接することで安心感が生まれ、ストレスや孤独感を和らげるなど、薬物では解決できない治療効果があることも臨床的にも証明されているのです。

犬が人間にもたらす効果が明らかになったのは、1960年代にアメリカの児童心理学者が発表した論文が注目されてからのこと。

その学者は、精神を病んだ子供たちを集めて自宅でグループセラピーを行っていました。そんなさ中、偶然に飼い犬が部屋に入ってきました。すると、子供たちの反応がまったく違うものになったのだといいます。

この発見をもとにその学者は、『「アシスタント・セラピスト」としての犬』という論文を発表し、犬とのふれあいが心を塞《ふさ》いだ子供や高齢者たちに笑顔を取り戻す力になること

を主張したのです。

以後、犬を介在させる療法を「アニマル・アシステッド・セラピー」と呼び、実際の医療現場でも行われるようになりました。

一方、民間のボランティアが犬を連れて老人介護施設を訪ねるのは医療ではありません。これは「アニマル・アシステッド・アクティビティ」と呼ばれるもので、どちらかというと「課外活動」の分野といえるでしょう。

とはいえ、いかに課外活動であったとしても、犬がもたらす力というのは実に大きなものがあり、時として奇跡を生むこともあるのです。

＊

この日も、施設ではお年寄りと犬たちの心温まる交流が行われていました。

かつて犬を飼ったことがある人は馴《な》れた手つきで犬を抱き、初めて犬と接する人は恐る恐るではありながらも、小さな命に笑顔で触れあっています。

老人が姿を見せたのはそんな時でした。

その場にいた人々は「おや、珍しい人が顔を見せたものだ」と、老人を振り返ります。

まったく事情の分からぬボランティアの女性が、「いかがですか」と、マルチーズの仔犬を差し出しました。

一瞬、老人の顔に喜びの表情が浮かんだのもつかの間、踵《きびす》を返して無言で立ち去ってしまいました。

唖然《あぜん》とする彼女の後ろから、車椅子に乗ったご婦人が、

「あの人は、右の手が動かないんですよ。犬を抱きたくてもできないんです」

と教えてくれました。

その様子を見ていた施設の方がご婦人の話を引き継ぎ、老人の心の闇を彼女に詳しく話しました。

そこで彼女は、思い切って申し出たのです。

「あの方のお部屋に案内してくださいませんか」と。

＊

老人は部屋でひとり、右手をさすりながらテレビを見ていました。

「先ほどは何も知らずに、大変失礼しました。犬に興味を持たれていたようなのでつい

Coca-Cola
C2

「……」

「いえ、いいんです」

老人はテレビから目を離そうともしません。

「あの……、抱っこする必要はないので、どうぞこの子を撫でてやってください」

彼女はそう言って、マルチーズの仔犬をベッドの上に置いたのです。

最初、老人は、驚いた表情を見せ、迷惑そうな顔を彼女に向けました。

しかし、しばらくすると老人は、躊躇《ちゅうちょ》しながらも左手を出し、仔犬の頭を撫で始めました。そしてその手を耳の後ろに回し、ゆるやかにマッサージを始めます。

「犬を飼われたことがあるのですか?」

そう彼女が尋ねると、

「ええ、昔。こんなに洒落《しゃれ》た洋犬ではありませんでしたけれど」

と仔犬から目を離さず手短な答えが返ってきました。

そんな時間がどれだけ続いたでしょうか。

「そろそろお時間ですね」と施設の方が告げます。

すでに慰問の時間を大きくオーバーしており、施設ではそろそろ夕食の準備を始めなければなりません。

ベッドに横たわるマルチーズの仔犬を抱き上げ、「また来ますね」と老人に挨拶《あいさつ》をして彼女が部屋を出ようとした時です……。

「あの、その仔犬を一度だけ抱かせてもらえませんか」と老人が言ったのです。

彼女と施設の方は驚いて思わず顔を見合わせてしまいました。

「どうぞどうぞ。私がお尻を支えますので、この子を抱っこしてあげてください」と言い、老人にゆっくりと仔犬を手渡そうとした時、なんと老人の右手が動いたのです。

彼女が差し出す仔犬を、自分の手で受け取りたいという気持ちが働いたのでしょうか、老人の両手が、仔犬に向かって真っすぐに差し出されたのです。

そして老人は、仔犬を両手でしっかりと抱きしめ、顔には次第に笑みが広がっていきました。

何を見ても、誰と会っても面白くない……。

長い間、塞ぎこんでいた老人に、再び笑顔が戻ったのです。

昔ながらの職人気質で、あちらこちらに愛想を振りまくことのできなかった庭師時代。生活は充実していたものの、決して人間関係が円滑ということではなかった。

ただ、仕事から帰ればいつも決まって玄関先の犬小屋から顔を出し、ぺろりと手をなめてくれたあの犬だけにはいろいろなことを話し掛けていた……。

老人は、そんなことを思い出し、これまで動かなかった手が自然と前に差し出されたのではないでしょうか。

*

こうしたケースは、医療を前提としない「アクティビティ」においても、決して珍しいものではありません。一生懸命リハビリしても動かなかったところが、犬を介在させることで動くようになる。

心に傷を負った子供たちが、犬と接することでその傷を癒し、人間としての自然な感情を呼び戻すことができる。

これは原始の昔から人間と野生動物が大自然の中で育《はぐく》んできた「環境のバロメーター」なのです。

花を見れば誰もが「きれいだ」と思うように、小さな仔犬を見れば誰だって「可愛い」

と思うものです。そしてその仔犬に触れたいとか、守りたいという気持ちは人間であればみな持っているもの。

であるなら、何らかの要因によって一時的にそのバロメーターが止まっていたとしても、私たち人間のＤＮＡに組み込まれている限り、きっかけさえあれば再びそれは動き出し、その感情が言葉を発し、笑顔を生んでいく――。

老人にとって、そんなきっかけをつくってくれたのが小さな仔犬だったのです。

＊

施設の方の話によると、右手が動いたのは、あのひと時だけだったといいます。残念ながら仔犬が去った後、右手は再び凍りついてしまいました。

しかしその後、老人はリハビリを再開したといいます。

それはきっと、笑顔を取り戻してくれた仔犬との再会を、心待ちにしてのことでしょう。

今度会った時は、もっと強く、もっと長く、仔犬を抱きしめていたい……。

そんな思いが、今の老人にとって心の支えとなっているに違いありません。

# 13

# 自ら死を選んだ天才犬ヴィコーの生涯

そのビデオを見て、私の目は1頭のシェパードに釘付《くぎづ》けになりました。

黒く精悍《せいかん》な顔つきと躍動感溢《あふ》れる跳躍、そして、まるで獲物を追う時のチーターを思わせる身のこなし。

どこをとっても天下逸品なのです。

「こいつは凄《すご》い……」

長年シェパードの育成に携わってきた私ですら、初めて目にした天才犬。

ビデオに映る他の犬とは明らかに違う素質を持っていることが、粗い画面を通してでもビシビシと伝わってきます。

「なんとしても、このシェパードを手に入れて、自分の手で育ててみたい……」

私はその犬に会うため、さっそくドイツに旅立ちました。

＊

私たちが主宰する「オールドッグセンター」では、父親の代から警察犬の育成に力を注

いできました。
警察犬というのは、多様な犯罪捜査や災害現場において並外れた力を発揮して、警察官と共に救護救援に務めなくてはなりません。
こうした犬をつくるためには、良質の血統を引き継いだ犬のエリートたちを、常日ごろから厳しく訓練して、服従性や作業能力など警察犬に求められるすべての要素を鍛えあげなくてはなりません。
そんな厳しい訓練のお披露目の場としてあるのが、さまざまな訓練競技会です。そしてこの訓練競技会において、ブリーディングを考えるオーナーたちの間で情報交換が行われ、優れた血統はさらに広がっていくのです。

その犬との出会いのきっかけとなったのも、アメリカで行われたドイツシェパード世界大会でのことでした。

その時私は、ケリーというシェパードを連れて競技会に参加していました。

ケリーは並みいる世界の強豪の中で、見事8位に入賞。8位という成績はそれまでの日本の出場犬では最高位ではないものの、大変な活躍だったといえるでしょう。

そんなケリーを見ていたあるドイツ人紳士が私に話し掛けてきました。

「あなたがケリーのオーナーですか？　先ほど見たケリーの実技は素晴らしかった。私はドイツからこの大会を見にきた者です」と。

彼はドイツのシュツットガルトでジャーマンシェパードの繁殖を行っているブリーダーだということでした。

私は、ちょうどそのころ雌犬の繁殖を考えていたため、雌犬のいい訓練犬はいないものかと彼に尋ねました。すると彼は、

「いますとも、いますとも。優秀な雌のシェパードが、私のところにはたくさんいます」

と胸を張ったのです。

それから半年が過ぎようとしていたころ、あのドイツ人紳士から1本のビデオが私のもとに送られてきたのです。

確かにビデオには、いろいろな個性を持ったシェパードが映っていました。

しかし、その犬たちはどれも今ひとつ。

「もっといい犬はいないのか……」

そんな思いで、次から次に映しだされるシェパードたちの姿を見るともなく見ていた私は、次の瞬間、信じられないほど素晴らしい1頭の雄シェパードの姿を目にしました。

「この犬は凄い！」

それがヴィコーでした。

＊

実際にヴィコーを目の当たりにした私は、長旅の疲れもどこかへ行ってしまうほどの衝撃を受けたものです。

「ひと目惚《ぼ》れ」とはまさしくこのことで、ドイツ人ブリーダーとその日のうちに交渉を行い、日本に連れて帰る手続きをとったほどです。

日本での訓練を開始したヴィコーは、思った以上の能力を発揮して、２００４年に行われる国際畜犬連盟（ＦＣＩ）の国際訓練試験（ＩＰＯ）世界大会への切符を手に入れました。

日本で行われた選考会では、ドイツシェパード世界大会で8位に入賞したケリーをも凌《しの》ぐ動きを見せ、さらなる活躍が期待されていました。

思い返せば、このころがヴィコーの能力が花開いた頂点だったということができるでしょう。

＊

２００4年度の世界大会はフランスのボルドーで行われることになっていました。

その直前まで、「絶好調でオリンピックに臨む選手の気持ちはこういうものなのだろう」と、私は思っていました。

ところがなんと大会の直前になって、フランスで狂犬病にかかった犬が人間2人を咬《か》んで死亡させるという事件が起き、これに反応したフランス政府は大会の中止を発表。

ヴィコーの初の檜舞台はあっけなく夢と消えたのでした。

その時の私は、歯ぎしりするほどの悔しさを感じていました。そんな私の隣にあって、ヴィコーはその優れた能力で、私が抱えるやり場のない思いを敏感に察知したのでしょ

う、日本に帰った当初のヴィコーも心なしか元気がないように感じられたものです。

いつも主人に敬意を払っている犬というのは、想像以上に人間の気持ちを読み取る力があります。特にヴィコーのような優れた犬であればなおさらのこと。

しかし実はそれには、違った理由があったのです。

＊

世界大会に照準を合わせて特別な訓練を積んできたヴィコーだったため、しばらくの休養を与えた後、私自身も気持ちを切り替え、翌年に向けての訓練を再開しました。

ところが、ヴィコーの動きには大会前ほどのキレがありません。

動きが緩慢なだけでなく、ヴィコーの大きな魅力だった体全体から漲る気迫のようなものがまったく感じられないのです。

そしてある日、とうとうヴィコーは訓練を嫌ったのです。

私の言う言葉に耳を貸そうともせず、伏せたまま起き上がろうとしないのです。

「どうしたヴィコー?」

しゃがみ込んでヴィコーの体をさすると、体中のあちこちに小さな膨らみがあります。

それはちょうどうずらの卵ほどの大きさで、下半身のところどころにポツリポツリと点在しています。大きな不安に駆られた私は急いで獣医のもとを訪ねました。

診断を終えた獣医は、私にこう言いました。

「今ヴィコーの体は徐々に皮膚の細胞が死につつあります。そしてそれは、この先相当な痛みと共に体中を蝕《むしば》んでいくはずです。しかし今の獣医学ではその進行を食い止める手立てがないのです」と。

放っておけば必ず死ぬ。またいかに手を尽くしたとしても、それは激しい痛みを強《し》いながら死期をわずかばかり延ばすことしかできないというのです。

獣医を訪れた時からというもの、小さな膨らみの悪化は著しく早く進行しました。

そして、最初にやられたのは足でした。

10日ほどした時にはすでに立ち上がることもできず、食事も排泄《はいせつ》もすべては寝たきりの状態で行わなければなりません。

さらに1カ月後には食べ物も口にしなくなり、痩せ細った体を横たえて、ただただ荒い息をするばかりのヴィコーなのです。

あれほど優れた犬が大会にも出場できず、今こうして苦しんでいるばかり……。

私の呼びかけには反応するものの、おそらくすでに目も見えていないのでしょう。にごった瞳をあらぬ方に向けて私の姿を捜します。

そんなヴィコーを見ながら、私は決心したのです。

「ヴィコー、もう苦しまなくてもいいよ。楽にしてあげるから……」と。

＊

犬の「安楽死」については、国により、また人により、実にさまざまな考え方があります。

中には、犬の安楽死について不自然さを感じたり、タブー視したりする方もいるのではないでしょうか。

しかし私の考えはこうです。

「死期を待つ犬の生死は、人間がコントロールしてあげなくてはならない」

これが偽らざる私の「安楽死」観。

というより、犬と接する上での基本的な考え方です。

もとより犬は、言葉を話すことができません。

たとえどんなに痛くても、苦しくても、それを私たち人間に伝えることはできないのです。そんな状態にあってなお、今にも消えそうな命の灯《ひ》を人間の力によってかろうじて揺らしている……犬にとって、これほどつらいことないでしょう。うつろな目をして、ただただ横たわっている犬の姿を見れば、「なんとか救ってあげたい」と思うのは誰でも同じです。しかし、彼らの体の中に起こっている変化を、そこに宿る激しい痛みや苦しみを、人間は知るよしもありません。

さまざまな薬を投与してどれだけ愛情を込めて介護しても、ただ息をしているだけの状態になって「生かされている」彼らのことを、私は決して幸せだとは思えません。

確かに、共に過ごした数年間を振り返れば、「あんなこともあった、こんなこともあった」と、さまざまな思い出が走馬灯のようによみがえるものです。生まれた時から何十頭もの犬に囲まれて生活してきた私には、なおさらその思いは強い。

だからといって、人間は自分たちの感情で犬の命を必要以上に引き延ばしてはいけないのです。

先の命が限られている。そして自分の愛した犬が、歩くことも食べることもできずにこの上ない痛みや苦しみと闘っている……。

そんな時は、「早く楽にしてあげよう」と決断することこそ、犬に対する「究極の愛情」

ではないかと私は思うのです。

＊

「よく決断されましたね」という獣医の言葉を聞いても私の心は救われません。

犬を相手に仕事をする私たちにとって、安楽死は選択肢のひとつです。しかし、どれだけ「これが最良の選択なのだ」と頭では分かっていても、やはり心の片隅には「ほんとうにこれで良いのだろうか」という思いが残ります。

またそれと同時に、稀に見る天才犬として私が惚れ込んだ犬であったはずなのに、なんと不運な星の下に生まれたことか――。

本来ならばその能力をほしいままに、世界を舞台に幾多の競技会で名を馳《は》せた名犬であったはずなのに、たった一度のチャンスもなく、その才能に幕を閉じようとしているヴィコーが、私には哀れでなりませんでした。

仕方ない。安楽死させることを決意した、翌朝のことです。やはりほとんど私は眠れませんでした。重い気持ちを抱え、私がヴィコーのケージを開けた時でした。

ヴィコーは冷たくなって死んでいたのです。

「安楽死」という選択をした私の苦しみを、最期において朦朧《もうろう》としながらも察知したのでしょう。私にその手を下させることなく、彼は独りの力で逝ったのです。

ヴィコーという犬は、どこまでも優れた相棒でした。

それは使役犬としての運動能力や我慢強さだけでなく、言われるまでもなく向き合う人間の気持ちを読み、なんとかそれに報いようとするやさしさも持っていたのです。

そして、そんな彼のやさしさが導き出した答えは、私を苦しませることなく、小さくなった命の灯を、自ら吹き消すということだったのです。ケージの前で私は涙がとまりませんでした。

# 14

# 飼い主の身代わりに
# 天国へ旅立った
# ランス

「虫の知らせ」という言葉があります。

私の友人に、深夜、得体の知れない胸騒ぎに襲われて目覚めたところ、急に居間の電話が鳴って父親の死を知ったという人がいます。

心と心の結びつき、とでもいいましょうか。深い絆《きずな》で結ばれた者同士にしか感じることのできない、時空を超えた「魂の呼び掛け」と呼ぶことができるでしょう。

そしてそんな「魂の呼び掛け」は、人と人との通じ合いだけではありません。

人間と犬。その間にも存在することを、私はある犬の死を通して知ったのです……。

*

「今年のランスはいけますね。今までになく仕上がりもいいし、毛艶《けづや》を見ても体調も良さそうです」

「ぜひ、そうあってほしいですね。先生、よろしくお願いします」

信州地方で行われる日本警察犬協会主催の訓練競技会全国大会を10日後にひかえ、私は

飼い主であるご夫婦からランスのリードを手渡されました。

ランスはこのご夫婦に飼われた雌のシェパード。

お子さんのいらっしゃらないお2人は大変な愛犬家で、ランスの他にもう1頭の雄のシェパードを飼っています。

特に、奥様のランスにかける愛情は深く、それはまるで人間の子供を育てる母親のようです。

競技犬として側に置きたいご主人と、わが子として育てたい奥様の間では、その「教育方針」の食い違いで、しばしばケンカになることもあったといいます。

競技犬としてのランスは、日ごろはご主人の訓練を受けていますが、全国大会の直前だけ私が訓練の仕上げを行い、指導手として大会に参加していました。

アマチュアの指導ながら、これまでにも地域の大会ではたびたび好成績を残しており、私が見る限り、一般の家庭犬の中ではきわめて優れたドッグ・アビリティ（犬の能力）を持った犬でした。

ところが、どうしても全国大会となると上位入賞が果たせません。

やはり全国大会ともなると、日本中の訓練所から選りすぐりの犬たちが集まってくるわけで、いかに潜在能力の高い犬といえども、日ごろ一般の家庭で訓練を行っているランスには分《ぶ》が悪いのは仕方ありません。

しかし、その年のランスは違いました。

競技犬としてはちょうど脂が乗り切って、無駄な動きもなく、顔つきを見ても精悍《せいかん》さが漂っています。

私自身、「これならいける」と確信していたほどです。

そんなランスの様子を、ご夫婦も分かっていたようで、リードを手渡された私の手にも、「今年こそは」という熱い思いが伝わってきました。

＊

全国大会が行われる高原に、私とランスは1週間前に入りました。

現地での調整訓練も実に順調で、全国から集まった指導手たちもランスの動きに目を見張ったほどです。

ところが3日後の夜、ランスの様子が突如として変化したのです。

それまではどっしりとかまえて、大会に向けて集中していたランスでしたが、その晩はケージの中を落ち着きなく、私が強い口調で咎《とが》めても、ランスは一向に落ち着きを取り戻

しません。

　挙げ句の果てには「ワォーワォー」と遠吠《とおぼ》えを上げる始末。ここ数日のランスとは、明らかに様子が違います。

　私は「まずいな……」と思いました。

　ランスは賢い犬だけに、周りの様子を敏感に察知して幾分緊張してきたのではあるまいかと感じたのです。事実、5日前の今日になって大会に出場する犬が一斉に集まってきたため、訓練場や会場周辺も徐々に緊張感が高まってきていました。

「ここに来て、思わぬ落とし穴があったか」と、私はいささかばかり雲行きの怪しさを感じずにはいられませんでした。

そして翌朝。

ランスは、ぐったりとしてケージから出ようとしません。

おだてても、なだめても、ランスはピクリとも動かず、うつろな目をこちらに向けるばかりでケージの中で伏せったままです。

何を言っても動こうとしないランスを尻目に、私はご主人の携帯電話に状況報告を兼ねるつもりで連絡を入れたのです。

ところが、電話がつながりません。

ひとまず、ランスの状態を伝え、折り返しの電話をもらえるよう留守番電話に残した私は、ピクリとも動こうとしないランスのもとへ戻ったのです。

ところが、いつまで経ってもご主人からの電話は来ません。

＊

じりじりとした時間が流れる中でご主人から連絡があったのは、すでに日が傾き始めたころのことでした。

前の日の晩、奥様が交通事故に遭い、今とても危険な状態だというのです。

「ランスがそういう状態ならば、今回の大会は棄権して帰ってきていただけませんでしょうか。本来ならば私が迎えにいかなくてはならないところですが、今は家内のことでこちらもパニックになっており動きがとれません。しばらく先生の訓練所でランスを預かってもらえませんでしょうか……」

大会を棄権して私の訓練所に戻っても、ランスは元気を取り戻しません。それればかりかあの晩以来、ろくに食事をとろうともしないのです。

これはさすがに「おかしいぞ」ということになり、早速獣医に診断を仰いだところ、なんと、ランスの体は急性の白血病に侵されていることが分かりました。

このことが分かってからの1週間後、私は犬と人間の「魂の交換」による奇跡を目の当たりにすることとなったのです。

*

ランスの飼い主であるご主人は、すっかり憔悴《しょうすい》しきっていました。

頭を打って昏睡《こんすい》状態にある奥様の容態は、まったく予断を許さない状態が続いていたからです。

医師の話によれば、こうした状態に陥った時の人間は、本人の「生きたい」という気持ち次第だということです。奥様自身が、自分の人生にどれだけ未練を残しているか、そこに賭《か》けるしか手はないというのです。

そんな手の施しようのない事態に追い討ちをかけるように、自分が手塩にかけて育ててきた愛犬が治る見込みのない病に侵されていることを知っ

たのですから、そのショックの大きさは考えるに余りあります。

とにもかくにも、奥様のもとから離れることのできないご主人に代わって、ランスの看病は私をはじめとして訓練所のスタッフですることになりました。

しかし、まだ若いランスの体は病気の進行が著しく早く、日に日に衰弱していくのが分かります。

これまでにも数多くの犬を看取ってきた私には、ランスの最期が近づいていることを感じていました。

日一日と衰弱していくランスと、目を覚まそうとしない奥様。

そんな両者の膠着《こうちゃく》状態が続いた7日目の朝……。

それまで力なく横たわっていたランスが、目を「カッ」と見開き、断末魔の叫びを上げてのたうち回り始めたのです。

おそらくランスの体の中で病魔が暴れまわっているのでしょう。ランスは涙を流しながら苦しみもだえているのです。

しかし、私にはどうすることもできません。

これまで看取った犬同様、その苦しむ姿から目をそらさず、ただただその最期を見守ることしかできないのです。

異常を察した、他の訓練犬たちがランスの叫びに呼応するように鳴き声を上げています。同じ犬として、「頑張れ！」と言っているのか、別れを告げているのか、私には知るよしもありません。

そして、犬たちの鳴き声が渦巻く犬舎の中に、ひときわ大きな遠吠えが響きわたりました。

それが、ランスの４年という短い生涯の幕を閉じた瞬間でした。

そのころ、看病を続けるご主人は奥様の左手がかすかに動いているのに気づきました。至急、医師が駆けつけ、大きな声で呼び掛けを続けていると、奥様はうっすらと目を開いたのです。

そして、意識の戻った彼女は、こう言ったのです。

「ランス……ランス……」

＊

その後、奥様は順調に回復し、１カ月後には退院することができました。

ランスの亡骸《なきがら》をご自宅に届けた私は、心を塞《ふさ》ぐ奥様と、気丈に振る舞うご主人を前に、これまでの経緯を詳しくお話ししました。

するとご主人は驚いて、奥様が事故に遭われた時間とランスの様子が変化した時間がほぼ同じころだと言うのです。

そればかりか、ランスが最期の遠吠えを上げ逝った時刻と、奥様が目覚めた時刻もほとんど同じ。

言葉もなく、かろうじて「不思議なことがあるものですね」とつぶやいた私の言葉にうなずきながら、ご夫婦の目には涙が浮かびあがります。

それはまさに、奥様の身に起こった災難をランスが察して、自分の命を悪魔に差し出すことで「奥様を救った」としか言いようのない偶然だったのです。

*

犬というのは、人に役立つことで幸せを感じることのできる生き物です。

それは、警察犬というカタチをとって事件や災害の現場に体を張って立ち向かう場合があります。あるいは、盲導犬や介助犬、聴導犬など人間の不自由を支えながら人と共に生きる犬もいます。

そして一般の家庭においては、飼い主と犬の主従関係の中でそれぞれに役割を果たしつつ、互いにとっての幸せがつくられていくものと私は信じていました。

しかし、時にそれは単なる「主従」の域を超え、私たち人間の理屈では考えられない〝奇跡〟を起こすものだということを、私はランスに教えられたのです。

ランスの最期、苦しみの中で発したあの遠吠えは、遠く離れた病院でベッドに臥《ふ》す奥様に向けた最後のメッセージだったのだと思います。

おかあさん、
ボクは先にいくよ。
早く元気になってね。
今までありがとう。

それは、もの言わぬ犬の、あまりにも雄弁な最期でした。

# あとがき

「犬が老女の命を救った！」

そんなニュースがあったことを覚えておられるでしょうか。

70代の認知症を患った女性が行方不明になり、一昼夜を経て公園で無事保護された時、老女のかたわらにはなんと体長が約1メートルほどの犬がぴったりと寄り添っていたというものです。

実はこの犬、老女の犬ではなく飼い主からはぐれてさまよっていた犬でした。放浪のさなかに倒れている老女を偶然見つけ、人恋しさのあまりついつい添い寝してしまったのではないかとニュースは告げていました。

また結果的にはその偶然が功を奏し、氷点下の屋外にあって寄り添う犬の体温のおかげで老女は一命を取りとめることができたのです……。

私はこの奇跡的なニュースを見た時、「それはただの偶然などではない」と思いました。

確かにその犬にとって老女は自分の飼い主ではなく、偶然出会った見知らぬ人。いわば

〝他人〟に違いありません。

しかし犬は、潜在的に「人間のために尽くす」という本能を備えている動物なのです。

そしてこの本能が、「この人を放っておいてはいけない」という気持ちを芽生えさせ、寒空の下、疲れ果ててうずくまるか弱い老女に身を寄せたのに違いないと私は思っています。

またそんな本能を持っているからこそ犬は、警察犬や救助犬として社会の安全や安心に貢献し、さらには盲導犬や聴導犬として目となり耳となり人間の暮らしを支えることができるのです。


それらの訓練犬が果たす役割は、犬よりもずっと知能が高く、器用に物事をこなすチンパンジーなどにも務まりません。

なぜなら、犬以外の多くの動物は、人間の言葉を理解してそれに反応することはできても、人間との間に真の主従関係を築くことができないからです。

真の主従関係とは、信頼と愛情の裏づけによって、人間の命じる言葉に「やらされている」と感じるのではなく、自らが「幸せを感じるからやる」という前向きな感情から生まれるものです。

いわば、人間の言葉に従うことで、「人間に喜んでもらいたい」と思う感情を持っているからこそ成り立つもの。

そして、犬はそう考えることができる唯一の動物なのです。

本書で紹介した14の話は、そんな犬と人間の関係から紡ぎだされたものばかりです。

なぜ犬は、そこまでして人間に尽くそうとするのでしょうか。
犬に対して人間は、どうしてここまで愛情を注げるものなのでしょうか。
この本は、そのような疑問に対して、長年犬と向き合い、犬の育成に努めてきた私なりの解答といってもいいかもしれません。

これまで私は、犬たちの一挙手一頭足に驚嘆し、戸惑い、笑い、涙しながら、「犬との関係とは何なのか」ということを長い時間をかけて考えてきました。

本書を読んで、真の意味での「犬と人間の共存」ということを理解していただけたら、幸いです。

2008年8月吉日

藤井　聡

**藤井　聡（ふじい　さとし）**
1953年東京生まれ。日本訓練士養成学校教頭。（株）オールドックセンター専務取締役。警視庁嘱託。環境庁動物適正飼養講習会講師。1998年度WUSV（ドイツシェパード犬世界連盟）主催の訓練世界選手権大会で、日本チームのキャプテンをつとめ、個人で第8位に入賞。日々、訓練士の育成につとめながら国内外の競技会にも参加。また、犬のしつけの啓蒙活動を全国各地で行い、好評を博している。
『しつけの仕方で犬はどんどん賢くなる』など、しつけの本が、10万部を超えるロングセラーになっている他、『どうぶつ奇想天外！』(TBS系)のカリスマ訓練士としてもおなじみで、テレビの出演も多数。本書は、生まれた時から、訓練所で犬たちと寝起きを共にしてきた著者が、その印象的な犬たちとの出会いと別れを初めて綴った感動の一冊になる。

訓練犬《くんれんけん》がくれた小《ちい》さな奇跡《きせき》

2008年９月30日　第１刷発行

著　者　藤井《ふじい》　聡《さとし》
発行者　矢部万紀子
発行所　朝日新聞出版
〒104-8011　東京都中央区築地5-3-2
電話　03-5541-8832（編集）
03-5540-7793（販売）
印刷所　図書印刷株式会社



ISBN978-4-02-250462-3
定価はカバーに表示してあります